Sitzungsberichte der Heidelberger Akademie der Wissenschaften

Mathematisch-naturwissenschaftliche Klasse

Die Jahrgänge bis 1921 einschließlich erschienen im Verlag von Carl Winter, Universitäts-buchhandlung in Heidelberg, die Jahrgänge 1922—1933 im Verlag Walter de Gruyter & Co. in Berlin, die Jahrgänge 1934—1944 bei der Weiß'schen Universitätsbuchhandlung in Heidelberg. 1945, 1946 und 1947 sind keine Sitzungsberichte erschienen.

Jahrgang 1938.

1. K. FREUDENBERG und O. WESTPHAL. Über die gruppenspezifische Substanz A (Untersuchungen über die Blutgruppe A des Menschen). DMark 1.20.
2. Studien im Gneisgebirge des Schwarzwaldes. VIII. O. H. ERDMANNSDÖRFFER. Gneise im Linachtal. DMark 1.—.
3. J. D. ACHELIS. Die Ernährungsphysiologie des 17. Jahrhunderts. DMark 0.60.
4. Studien im Gneisgebirge des Schwarzwaldes. IX. R. WAGER. Über die Kinzigit-gneise von Schenkenzell und die Syenite vom Typ Erzenbach. DMark 2.50.
5. Studien im Gneisgebirge des Schwarzwaldes. X. R. WAGER. Zur Kenntnis der Schapbachgneise, Primärtrümer und Granulite. DMark 1.75.
6. E. HOEN und K. APPEL. Der Einfluß der Überventilation auf die willkürliche Apnoe. DMark 0.80.
7. Beiträge zur Geologie und Paläontologie des Tertiärs und des Diluviums in der Um-gebung von Heidelberg. Heft 3: F. HELLER. Die Bärenzähne aus den Ablagerungen der ehemaligen Neckarschlinge bei Eberbach im Odenwald. DMark 2.25.
8. K. GOERTTLER. Die Differenzierungsbreite tierischer Gewebe im Lichte neuer experimenteller Untersuchungen. DMark 1.40.
9. J. D. ACHELIS. Über die Syphilisschriften Theophrasts von Hohenheim. I. Die Pathologie der Syphilis. Mit einem Anhang: Zur Frage der Echtheit des dritten Buches der Großen Wundarznei. DMark 1.—.
10. E. MARX. Die Entwicklung der Reflexlehre seit Albrecht von Haller bis in die zweite Hälfte des 19. Jahrhunderts. Mit einem Geleitwort von Viktor v. Weizsäcker. DMark 3.20.

Jahrgang 1939.

1. A. SEYBOLD und K. EGLE. Untersuchungen über Chlorophylle. DMark 1.10.
2. E. RODENWALDT. Frühzeitige Erkennung und Bekämpfung der Heeresseuchen. DMark 0.70.
3. K. GOERTTLER. Der Bau der Muscularis mucosae des Magens. DMark 0.60.
4. I. HAUSSER. Ultrakurzwellen. Physik, Technik und Anwendungsgebiete. DMark 1.70.
5. K. KRAMER und K. E. SCHÄFER. Der Einfluß des Adrenalins auf den Ruheumsatz des Skeletmuskels. DMark 2.30.
6. Beiträge zur Geologie und Paläontologie des Tertiärs und des Diluviums in der Um-gebung von Heidelberg. Heft 2: E. BECKSMANN und W. RICHTER. Die ehemalige Neckarschlinge am Ohrsberg bei Eberbach in der oberpliozänen Entwicklung des südlichen Odenwaldes. (Mit Beiträgen von A. STRIGEL, E. HOFMANN und E. OBER-DORFER.) DMark 3.40.
7. Studien im Gneisgebirge des Schwarzwaldes. XI. O. H. ERDMANNSDÖRFFER. Die Rolle der Anatexis. DMark 3.20.
8. Beiträge zur Geologie und Paläontologie des Tertiärs und des Diluviums in der Um-gebung von Heidelberg. Heft 4: F. HELLER. Neue Säugetierfunde aus den alt-diluvialen Sanden von Mauer a. d. Elsenz. DMark 0.90.
9. K. FREUDENBERG und H. MOLTER. Über die gruppenspezifische Substanz A aus Harn (4. Mitteilung über die Blutgruppe A des Menschen). DMark 0.70.
10. I. VON HATTINGBERG. Sensibilitätsuntersuchungen an Kranken mit Schwellenver-fahren. DMark 4.40.

Sitzungsberichte
der Heidelberger Akademie der Wissenschaften
Mathematisch-naturwissenschaftliche Klasse
Jahrgang 1950, 1. Abhandlung

Das Erstarkungswachstum krautiger Dikotylen, mit besonderer Berücksichtigung der primären Verdickungsvorgänge

Von

Wilhelm Troll und Werner Rauh
Mainz   Heidelberg

Mit 67 Textabbildungen

Vorgelegt in der Sitzung vom 23. Juli 1949

Springer-Verlag Berlin Heidelberg GmbH 1950

ISBN 978-3-540-01496-6   ISBN 978-3-662-26775-2 (eBook)
DOI 10.1007/978-3-662-26775-2

Das Erstarkungswachstum krautiger Dikotylen, mit besonderer Berücksichtigung der primären Verdickungsvorgänge.
I. Typologischer Teil.

Von

Wilhelm Troll, Mainz und **Werner Rauh**, Heidelberg.

Mit 67 Textabbildungen.

(Vorgelegt in der Sitzung vom 23. Juli 1949.)

Inhaltsübersicht.
Seite

Einleitung 3
A. Übersicht über die an der Achsenverdickung beteiligten Wachstumsvorgänge 7
B. Erscheinungsformen des Erstarkungswachstums bei Monokotylen und Dikotylen, dargestellt an ausgewählten Beispielen 15
C. Spezieller Teil 22
    I. Das Erstarkungswachstum von Primärachsen 22
       1. Erstarkungswachstum bei medullärer Primärverdickung . 22
         a) Erstarkungswachstum mit vollkommener Maskierung . 22
         b) Erstarkungswachstum mit unvollkommener Maskierung 30
         c) Erstarkungswachstum mit fehlender Maskierung . . . 46
       2. Erstarkungswachstum bei kortikaler Primärverdickung . . 60
    II. Das Dickenwachstum von Impatiens und ähnlich sich verhaltenden Dikotylen 64
    III. Das Erstarkungswachstum von Seitenachsen 68
       1. Erstarkungswachstum bei medullärer Primärverdickung . 69
         a) Gewöhnliche Ausläufer 69
         b) Knollenbildende Ausläufer 72
       2. Erstarkungswachstum bei kortikaler Primärverdickung . . 77
D. Beziehungen zwischen Erstarkungswachstum, Internodienlänge und Organbildung des Achsenkörpers 80
Literaturverzeichnis 84

Einleitung.

Unter dem Erstarkungswachstum verstehen wir die periodische Zu- und Abnahme der Achsendicke im Verlauf der Längenentwicklung des Achsenkörpers. Es ist vor allem von Monokotylen und Pteridophyten bekannt, über die

man die zusammenfassende Darstellung bei Troll (1937, S. 208)
vergleiche.

Insgesamt handelt es sich beim Erstarkungswachstum um eine
der Längenperiode der Internodien entsprechende Dickenperiodizität, die bei den Samenpflanzen unter dem Einfluß der
Blütenbildung steht, dies insofern, als die dem Maximum der Achsendicke folgende Verjüngung den Beginn der reproduktiven Entwicklungsphase bezeichnet. Bei den Pteridophyten, insonderheit
den Farnen, vermissen wir die Verjüngungszone, was hier, wo die
Blütenbildung fehlt, nicht zu überraschen braucht.

Erstaunlicherweise hat man, was das Erstarkungswachstum
anlangt, die Dikotylen bis in die jüngste Zeit herein vollkommen
vernachlässigt, wie ja die Dickenperiodizität des Achsenkörpers
überhaupt kaum der Beachtung gewürdigt wurde. Auch Troll
schrieb noch 1937 (S. 208), bei den Dikotylen gehöre „die Erscheinung am Hauptsproß zu den Ausnahmen, sie ist dort gewöhnlich nur an Seitenachsen anzutreffen". Später daraufhin an-
gestellte Beobachtungen und Untersuchungen lehrten indes, daß
die Dickenperiodizität auch hier allgemeine Regel ist. Troll hat
dieser Erkenntnis auch bereits kurz Ausdruck gegeben (1948,
S. 274) und betont, daß an sich Übereinstimmung mit den Monokotylen herrscht, die Erstarkungsvorgänge aber durch die früh
einsetzende sekundäre Verdickung gleichsam maskiert werden. Nur
ausnahmsweise, so bei Umbelliferen wie *Oenanthe aquatica*, unterbleibt die sekundäre Verdickung, mit dem Erfolg, daß die betreffenden Pflanzen über eine verkehrt-kegelförmige Stammbasis ver-
fügen und darin etwa *Zea Mays* gleichen.

Aufgabe dieser Abhandlung ist es, der Frage, welcher für das
Verständnis der dikotylen Gestaltungsverhältnisse grundsätzliche
Bedeutung zukommt, über die bereits vorliegenden orientierenden
Untersuchungen hinaus auf breiter Basis nachzugehen.

Ganz allgemein beruht das Erstarkungswachstum auf primären
Verdickungsvorgängen, d. h. auf primärem Dickenwachstum[1].
Genauer bekannt ist dieses nur von den Monokotylen, wo sich mit

[1] Weiterhin mit pDW abgekürzt. Dementsprechend bedeutet sDW
sekundäres Dickenwachstum und EW Erstarkungswachstum. Für „Vegetationspunkt" verwenden wir, einer schon bestehenden Übung folgend,
die Abbreviatur VP. VK ist die Abkürzung für „Vegetationskegel". Dar-
unter verstehen wir mit Sárkány (1936) das gesamte, noch in meristematischer Tätigkeit begriffene Sproßende, während als VP nur dessen blatt-
anlagenfreier Endabschnitt zu gelten hat.

ihm auf Anregung TROLLs zuletzt HELM (1936) und ECKARDT (1941) näher befaßt haben. Über das pDW der Dikotylen hingegen liegen bis jetzt nur höchst lückenhafte und völlig unzureichende Angaben vor. So schreibt FRANK in seinem Lehrbuch der Botanik (1892): „Primäres Dickenwachstum ist nichts weiter als diejenige Volumenzunahme, welche . . . darauf beruht, daß die Zellen oft unter Fortgang von Zellteilungen nicht bloß in der Längsrichtung des Organes, sondern auch in der Richtung der Dicke desselben ihr Volumen vergrößern" (S. 375). Im Handwörterbuch der Naturwissenschaften (2. Aufl., Artikel „Gewebe der Pflanzen" von W. ROTHERT, bearbeitet von L. JOST) ist zu lesen, „daß es neben dem sekundären Dickenwachstum auch ein primäres gibt, welches bei den Stengeln und Wurzeln aller Gefäßpflanzen und auch bei den Blättern in größerem oder geringerem Grade auftreten kann und die sog. Erstarkung der Organe bedingt. Dieses Dickenwachstum wird durch Wachstum der Zellen des Grundgewebes in der Querrichtung verursacht, welches nicht von Zellvermehrung begleitet wird" (S. 107). In Abb. 163 werden die schon früher von FRANK veröffentlichten Querschnitte durch ein dünnes jüngeres und dickeres älteres Internodium des Sonnenblumenstengels wiedergegeben, wozu bemerkt wird, „daß die Dickenzunahme auf der Vergrößerung des Durchmessers der Zellen des gesamten Grundgewebes beruht" (S. 107, Sperrung von uns). Ähnlich äußert sich auch FITTING im „Lehrbuch der Botanik für Hochschulen" (22. Aufl.): „Mit dem Längenwachstum ist meist auch ein gewisses, freilich meist nur verhältnismäßig geringes, primäres Dickenwachstum der Teile verbunden (Erstarkung). Es beruht in der Regel nur auf einer bedeutenden Vergrößerung der Meristemzellen während ihrer Umbildung zu Dauerzellen; so bei den Nadelhölzern und den meisten Dikotylen" (S. 98). Nur FRANK (1892) erkennt dem primären Dickenwachstum bei Dikotylen größere Bedeutung zu. „Das Heranwachsen der Knollen und voluminösen Früchte dürfte wohl meistens auf diesem Wege geschehen. Jedenfalls aber beruht auf diesem Prozesse fast ganz und gar die Verdickung, welche Stengel, die nur eine Vegetationsperiode dauern, im Laufe des Sommers annehmen, und die oft nicht unbeträchtlich ist, wie wir bei *Ricinus*, *Rheum*, Sonnenblumen u. a. großen Kompositen sehen. Da diese Verdickung der Stengel noch lange Zeit fortdauert, nachdem die Längsstreckung des betreffenden Stengelstückes abgeschlossen ist, so leitete man diese

Verdickung bisher irrtümlich aus dem sekundären Dickenwachstum ab, welches aber hierbei nur Geringes leistet"(S. 375/76). FRANK weist darauf hin, daß das primäre Dickenwachstum im wesentlichen auf einer Erweiterung des Markkörpers (Sonnenblume) beruht, bedingt durch eine Streckung der Markzellen in radialer Richtung unter gleichzeitiger Vermehrung. „Bedingung für diese Streckung in der Querrichtung ist natürlich, daß an oder unter der Oberfläche kein starrer Gewebemantel liegt. Wenn daher, wie gewöhnlich in der Nähe der Peripherie ein Festigungsring vorhanden ist, so ist derselbe hier in kurzen Zwischenräumen von dehnbaren Gewebestreifen unterbrochen. Dieses mechanische Prinzip ist besonders in die Augen springend an dikotylen Stengeln. Der Holzring wird hier solange nicht geschlossen, als das primäre Dickenwachstum andauert" (S. 376), ein Vorgang, der nach FRANK nicht genügend berücksichtigt worden ist. URSPRUNG (1906) konnte aber für *Sambucus nigra* und *Tectona grandis* nachweisen, daß eine Ausweitung des Markes auch dann noch erfolgt, wenn ein geschlossener Holzzylinder sich bereits gebildet hat.

Mit diesen wenigen Angaben ist die Literatur über das pDW der Dikotylen im wesentlichen erschöpft. Zweierlei läßt sich aus ihnen entnehmen: 1. daß zwar bei fast allen Dikotylen ein pDW vorhanden sei, dieses aber im Gegensatz zu den Monokotylen keine nennenswerten Beträge erreiche, und 2. daß die Erweiterung der primären Gewebe mehr durch eine Vergrößerung des Zellvolumens als durch Zellvermehrung veranlaßt sei.

Wir standen nun zunächst vor der Aufgabe, zu prüfen, ob diese Anschauungen den tatsächlichen Verhältnissen entsprechen, mit anderen Worten: es galt, die Dikotylen auf den Verlauf des pDW zu untersuchen. Dabei zeigte sich, daß dieses eine sehr viel größere Rolle spielt, als bisher angenommen wurde, daß es aber in anderer Weise als bei den Monokotylen vor sich geht.

Noch ein anderer Gesichtspunkt war zu berücksichtigen, auf den früher schon TROLL (1937, S. 212) hingewiesen hat: die Frage, ob an der im Erstarkungswachstum sich äußernden periodischen Zunahme der primären Verdickung auch der VP sich beteiligt, dies in der Weise, daß er im Verlauf der Jugendentwicklung des Achsenkörpers selbst eine Erstarkung erfährt.

Wir haben uns also zwei Aufgaben zu widmen, die sich wechselseitig durchdringen: der Untersuchung 1. des pDW als solchem und 2. seiner im EW sich auswirkenden Periodizität.

Die gesamte Arbeit zerfällt in zwei Teile. Dieser erste Teil befaßt sich überwiegend mit der Bedeutung des EW für das typologische Verständnis des Achsenbaues dikotyler Pflanzen. Die spezifisch histologischen Fragen, die ebenfalls von hervorragendem Interesse sind und den Gegenstand des zweiten Teiles bilden sollen, werden hier nur insoweit berührt, als es der besagte Zweck erfordert.

A. Übersicht über die an der Achsenverdickung beteiligten Wachstumsvorgänge.

Der Darstellung des Erstarkungswachstums sei eine Übersicht über die an der Achsenverdickung überhaupt beteiligten Wachstumsvorgänge vorausgeschickt. Es handelt sich um die Erstarkung des Vegetationspunktes, das primäre Dickenwachstum und das sekundäre Dickenwachstum.

1. Erstarkung des Vegetationspunktes.

Unter Hinweis auf Abschnitt B legen wir unserer Darstellung eine hapaxanthe Pflanze vom Typus des *Sium latifolium* bzw. der *Oenanthe aquatica* zugrunde. Mit den Monokotylen, z. B. *Zea Mays* (Abb. 6, I, Abb. 7, I), herrscht Übereinstimmung darin, daß der Achsenkörper in der vegetativen Phase der Entwicklung an Dicke allmählich zunimmt (Erstarkungswachstum), um nach Erreichung eines Maximums, das mit dem Beginn der reproduktiven Phase zusammenfällt, sich wieder zu verjüngen (Abb. 7, III). Von vornherein liegt die Vermutung nahe, daß diese periodische Zu- und Abnahme der Achsendicke auch im Verhalten des VP zum Ausdruck kommt. In der Tat erfährt dessen Umfang im Verlauf des EW eine beträchtliche Erweiterung (Abb. 45). Wir sprechen mit TROLL (1937) von einer Erstarkung des VP. Sie strebt einem Maximum zu, das am Übergang der vegetativen zur reproduktiven Entwicklung erreicht wird und also dem Maximum der Achsendicke entspricht. Im Verlauf der reproduktiven Phase nimmt sodann das Volumen des VP wieder ab, wenigstens bei Pflanzen mit terminaler Infloreszenz. Die Dikotylen gleichen hierin durchaus den Monokotylen, für die schon HELM die Erstarkung des VP nachgewiesen hat. Eingehendere Untersuchungen, die sich auf das Verhalten des VP im Verlauf der Gesamtentwicklung beziehen, hat auf Anregung TROLLS Frau M. GLIEM-RIEBESEL ausgeführt (noch unveröffentlicht).

Mit der Erstarkung des VP, die sich natürlich auch in einer Erstarkung des VK auswirkt, ist weithin, wenn nicht allgemein, ein ± auffallender Formwechsel verbunden. Von einem solchen spricht man herkömmlicherweise auch bei Veränderungen, welche die Plastik des VP innerhalb des einzelnen Plastochrons erfährt; der VP kehrt dabei aber jedesmal zur Ausgangsform zurück. Der

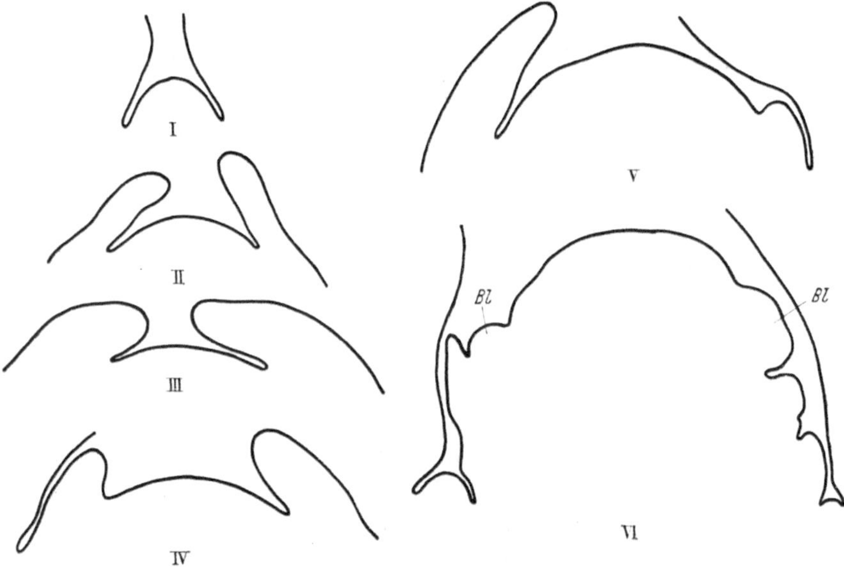

Abb. 1. Kohlrabi (*Brassica oleracea* var. *gongylodes*). Formwechsel und Erstarkung des VP im Verlauf der Entwicklung. I Embryo, II junge Pflanze mit zwei, III mit neun entwickelten Laubblättern, IV alte Pflanze, V zur Blüte übergehende Pflanze, VI Vegetationspunkt mit Blütenanlagen *Bl*.

beim EW sich vollziehende Formwechsel des VP dagegen ist i r r e - v e r s i b e l und bildet den Übergang von der vegetativen zur reproduktiven Entwicklungsphase ab. Vielfach tritt im Verlauf der Erstarkung eine Abflachung des VP ein, der bei Ausbildung der Infloreszenzanlage abermals seine Form verändert (Abb. 1). Ein solcher Formwechsel ereignet sich auch dort, wo der VP überhaupt nicht erhaben hervortritt oder wohl gar in einer Scheitelgrube liegt. Dieser bei den Dikotylen seltene Fall begegnet uns namentlich bei *Plantago* (*Plantago media*, Abb. 36).

2. Primäres Dickenwachstum.

Zur Orientierung müssen wir hier auf die Monokotylen verweisen, da das Verhalten der Dikotylen laut Einleitung noch der Untersuchung harrt, die eine der Aufgaben dieser Abhandlung ist.

Wie zuletzt die Arbeiten von Helm (1936) und Eckardt (1941) gezeigt haben, beruht das pDW der Monokotylen auf einer ± ausgiebigen Gewebebildung, die in unmittelbarer Nähe des VP bzw. im Bereich des VK erfolgt. Und zwar nimmt sie ihren Ausgang von einer mantelförmigen Meristemzone, dem sog. primären Meristemmantel. Dieser bildet sich nach Eckardt, der die Angaben Helms in diesem Punkt korrigiert hat, überall in gleicher Weise. Und zwar geht er „aus den längs verlaufenden, äußeren

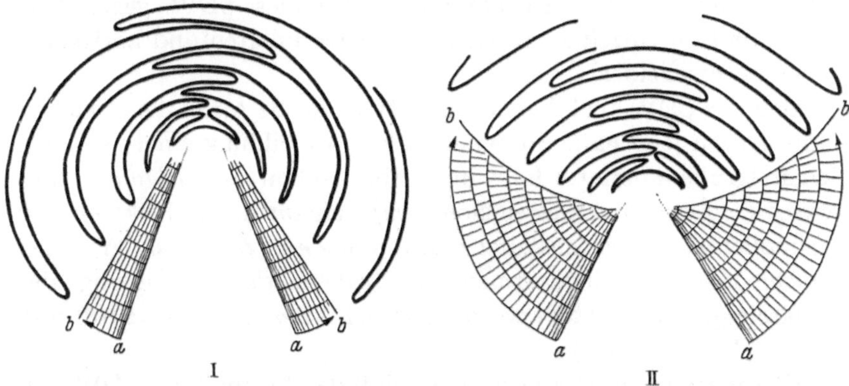

Abb. 2. Schema des primären Dickenwachstums der Monokotylen. Das zwischen *a* und *b* gelegene Gewebe ist in Richtung der Pfeile aus dem auf der Innenseite der Zuwachszone befindlichen Meristemmantel hervorgegangen. Bei gesteigerter Tätigkeit des Meristemmantels kommt es zur Ausbildung von Scheitelgruben (II) (verändert nach Helm und Troll).

Periklinalreihen des Corpus am Grunde des VP durch Einbeziehung periklinaler Wände" hervor. Infolge basalwärts gesteigerter meristematischer Tätigkeit „entstehen ganze Zellzüge, die antiklinal und bogenförmig zu den Blattbasen hin verlaufen". Es wird so eine Achsenverdickung bewirkt, die oft schon in unmittelbarer Nähe des VP gewaltige Ausmaße annimmt (Eckardt a. a. O., S. 327, Abb. 2). Die vom primären Meristemmantel produzierten Gewebe können sogar eine solche Mächtigkeit erreichen, „daß sich die spitzenfernen Teile des Achsenscheitels über diesen selbst erheben. Der eigentliche VP kommt dadurch in eine als Scheitelgrube bezeichnete kraterförmige Vertiefung zu liegen" (Troll 1948, S. 368, Abb. 2, II). Besonders ausgeprägt und tief sind diese Scheitelgruben bei Palmen (s. Eckardt, a. a. O., Tafel VIII, Fig. 2 und Troll 1937, Abb. 111, I) und bei Araceenknollen (z. B. *Amorphophallus Rex*, Troll 1937, Abb. 111, II). Scheitelgruben sind nach Troll überhaupt der sinnfällige Ausdruck stark gesteigerten pDWs.

Charakteristisch für die Monokotylen ist also, daß bei ihnen das pDW von einer kambialen Gewebezone seinen Ausgang nimmt. Wir sprechen hier deshalb von einer kambialen Form des primären Dickenwachstums. Ganz anders verhalten sich die Gymnospermen und Dikotylen, wie wir vorgreifend bemerken wollen. Bei ihnen beruht das pDW auf Zellvermehrung in Mark und primärer Rinde, also in parenchymatischen Geweben. Wir können es daher als parenchymalen Typus der für die Monokotylen kennzeichnenden kambialen Art des pDW gegenüberstellen und im einzelnen zwischen einer medullären und kortikalen Form unterscheiden.

Daß das pDW auch bei den Dikotylen große Ausmaße erreichen kann, lehren jene Fälle, in denen es zur Ausbildung einer ± tiefen Scheitelgrube kommt. Es wurde eben schon auf *Plantago* hingewiesen. Ähnlich verhalten sich *Sempervivum*-Arten, Kakteen und die knollenbildenden Ausläufer z.B. von *Solanum tuberosum*. Auch bei verschiedenen Gymnospermen ist grubenartige Vertiefung der Scheitelregion festgestellt worden, so bei *Abies* (KORODY 1938) und *Ginkgo* (FOSTER 1935).

Von vornherein ist zu erwarten, daß das Ausmaß des pDW von der Erstarkung des VP abhängig ist. Es wird sein Betrag also in dem Grade zunehmen, als der VP erstarkt. Umgekehrt besteht kein Zweifel, daß die Volumenabnahme des VP über dem Maximum seiner Erstarkung eine Abschwächung des pDW zur Folge hat.

Beides nun: die Erstarkung des VP und die davon abhängige Steigerung des pDW wirken sich im EW der Sproßachse aus, das somit der sinnfällige Ausdruck periodischer Vorgänge ist, die sich in der Scheitelregion des Sprosses vollziehen.

3. Sekundäres Dickenwachstum.

Über die Grundlagen dieses Verdickungsprozesses vergleiche man die gangbaren Lehrbücher, deren Darstellung TROLL (1948, S. 269ff.) nicht unbeträchtlich erweitert hat. Er hat vor allem darauf hingewiesen, daß neben der geläufigen Form der sekundären Verdickung, die, bei Verschiedenheiten im einzelnen (*Aristolochia-*, *Helianthus-* und *Linum*-Typus Abb. 3, I—III), überall von einem Kambium unterhalten wird, eine medulläre Form des sDW existiert (Abb. 5, IV). Sie tritt uns in reiner Ausprägung besonders bei verschiedenen *Gesneriaceen* und den *Impatiens*-Arten entgegen, ist aber auch sonst verbreitet, weil sie sich häufig mit der kambialen

Form kombiniert. Ob sich sekundäre Verdickungsvorgänge auch in der primären Rinde abspielen können, steht noch nicht fest. Allenfalls kommen als Beispiele die Kakteen in Betracht, deren Achsenkörper sich nicht allein durch Wachstum in der Scheitelregion, sondern auch durch nachträgliche Zellvermehrung im Rindengewebe verdickt.

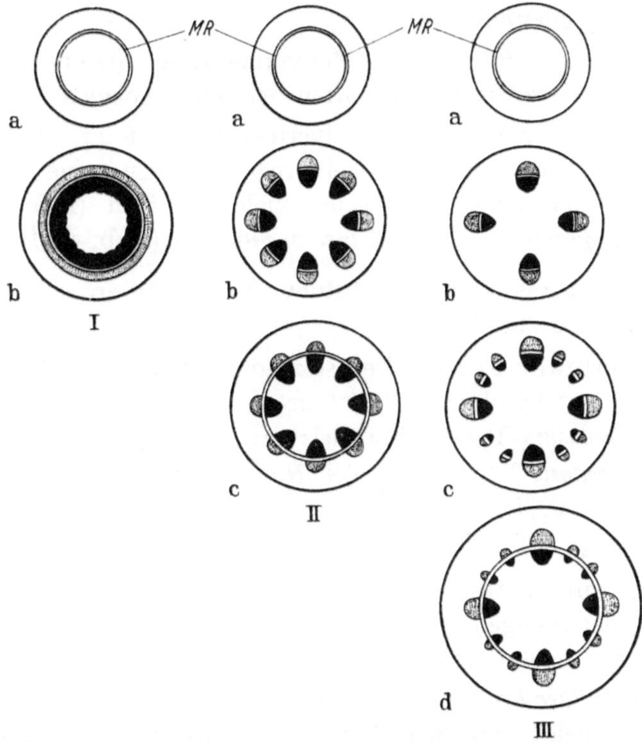

Abb. 3. Differenzierung des Meristemringes (*MR*) bei Dikotylen. I *Linum*-Typus und Holzgewächse, II *Aristolochia*-Typus, III *Helianthus*-Typus (verändert nach TROLL).

Wir haben also in Parallele zum pDW zwischen einer **medullären** und einer **kortikalen Form** der Verdickung zu unterscheiden und fassen beide Arten wiederum unter dem Begriff des parenchymalen Dickenwachstums zusammen. **Es stehen demnach auch beim sDW eine kambiale und eine parenchymale Form einander gegenüber.**

Fassen wir abschließend die bei der Darstellung des primären und sekundären Dickenwachstums gewonnenen Befunde zusammen, so ergibt sich die folgende Übersicht:

I. **Primäres Dickenwachstum** (Primärverdickung). Beschränkt auf die Scheitelregion.

1. Kambiale Form (Monokotylentypus). Die Verdickung erfolgt mit Hilfe eines Meristemmantels (Abb. 2).

2. Parenchymale Form (Dikotylen- und Gymnospermentypus). Die Verdickung beruht auf Zellvermehrung im Grundgewebe der Scheitelregion:

a) Medulläre Form. Die Zellvermehrung findet im Markgewebe statt. Häufigstes Verhalten bei den Dikotylen (Abb. 4, I).

b) Kortikale Form. Die Zellvermehrung erfolgt im Rindengewebe, das bereits in der Scheitelregion nahezu seine definitive Mächtigkeit erreicht. Beispiele: viele Kakteen (*Echinocactus*-Arten), *Sempervivum*-Arten, *Episcia punctata* (Abb. 4, II).

II. **Sekundäres Dickenwachstum** (Sekundärverdickung). In Scheitelferne stattfindend.

1. Kambiale Form. Der sekundäre Zuwachs geht auf die Tätigkeit eines kambialen Meristems zurück (Abb. 4, III).

a) *Aristolochia*-Typus. Beispiel: *Aristolochia Sipho* (Abb. 3, II).

b) *Helianthus*-Typus. Beispiel: *Helianthus annuus* (Abb. 3, III).

c) *Linum*-Typus. Beispiele: *Linum usitatissimum*, die meisten Holzgewächse (Abb. 3, I).

2. Parenchymale Form. Die Achsenverdickung erfolgt, bei geringer oder mangelnder Kambiumtätigkeit, auf Grund von Zellvermehrung in den scheitelfernen Teilen des Grundgewebes:

a) Medulläre Form. Die Zellvermehrung findet im Markgewebe statt. Beispiele: *Impatiens*-Arten, verschiedene *Gesneriaceen* wie Arten von *Chirita* (Abb. 4, IV).

b) Kortikale Form. Beispiele liefern allenfalls Kakteen mit stark verdicktem Rindenkörper.

Schwierigkeiten könnte die Beantwortung der Frage bereiten, in welcher Region der Achse sich bei den Dikotylen der Übergang vom primären zum sekundären Dickenwachstum vollzieht. Bekanntlich geht der Kambiumring (Kambiumzylinder) aus dem sog. Meristemring (Meristemzylinder) hervor, einer auf Querschnitten ringförmigen Zone meristematischen Gewebes (Abb. 5, MR), die sich unmittelbar aus dem Urmeristem des VP ableitet, aber keineswegs schon die für das Kambium charakteristische Anordnung der Zellen in radialen Reihen erkennen läßt (Abb. 5a, I). Mit der Entstehung des Kambiums aus dem Meristemzylinder ist praktisch bereits der Beginn des sDW gegeben, da das Kambium, wenn es sich erst einmal gebildet hat, auch alsbald die sekundäre Gewebeproduktion aufnimmt

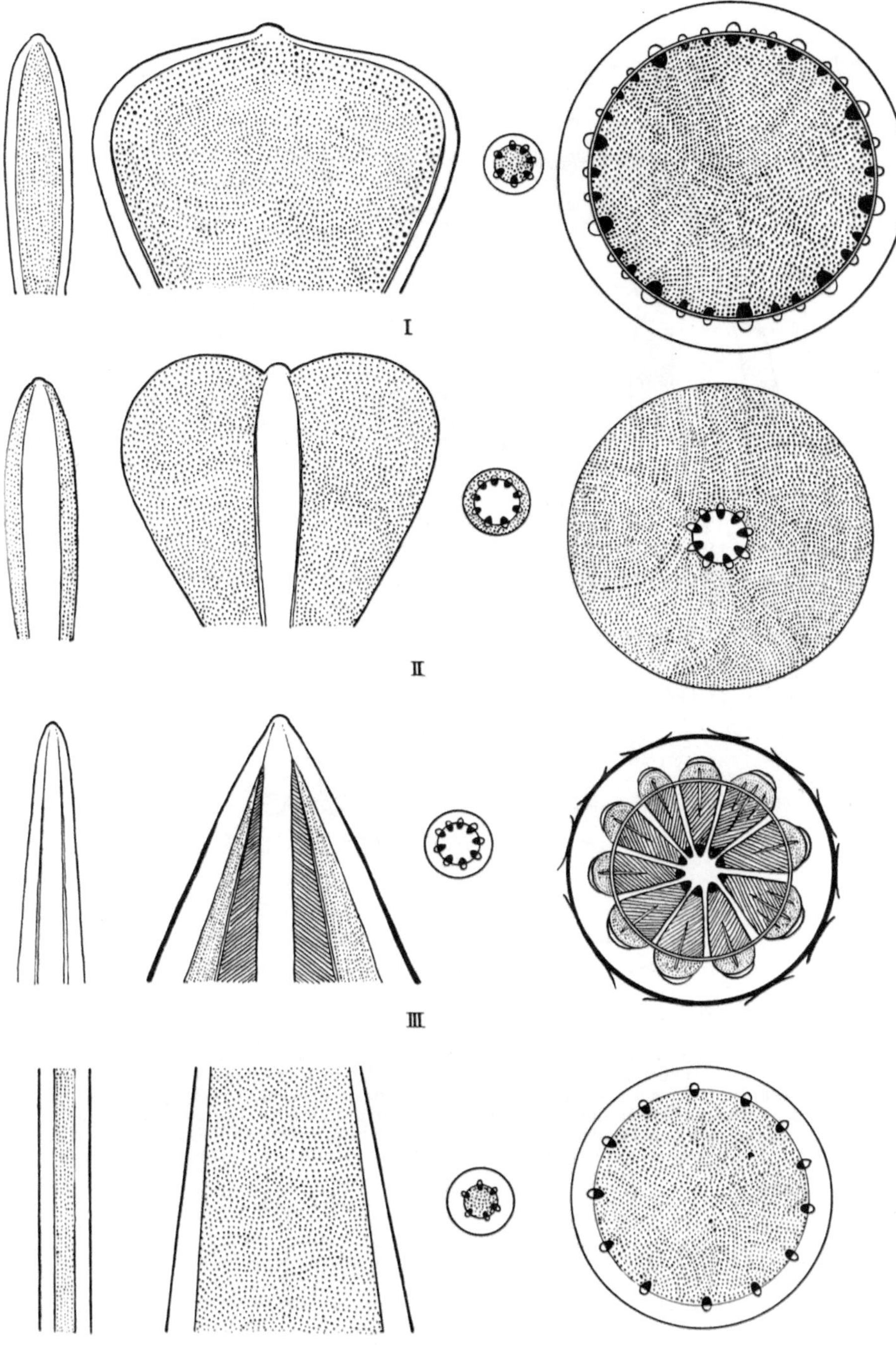

Abb. 4. Formen der Sproßverdickung bei Dikotylen, schematisch im Längs- und Querschnitt, jung und alt. I, II primäres Dickenwachstum: I medulläre, II kortikale Form, III, IV sekundäres Dickenwachstum: III kambiale, IV parenchymal-medulläre Form. Die sich verdickenden Gewebe punktiert bzw. schraffiert.

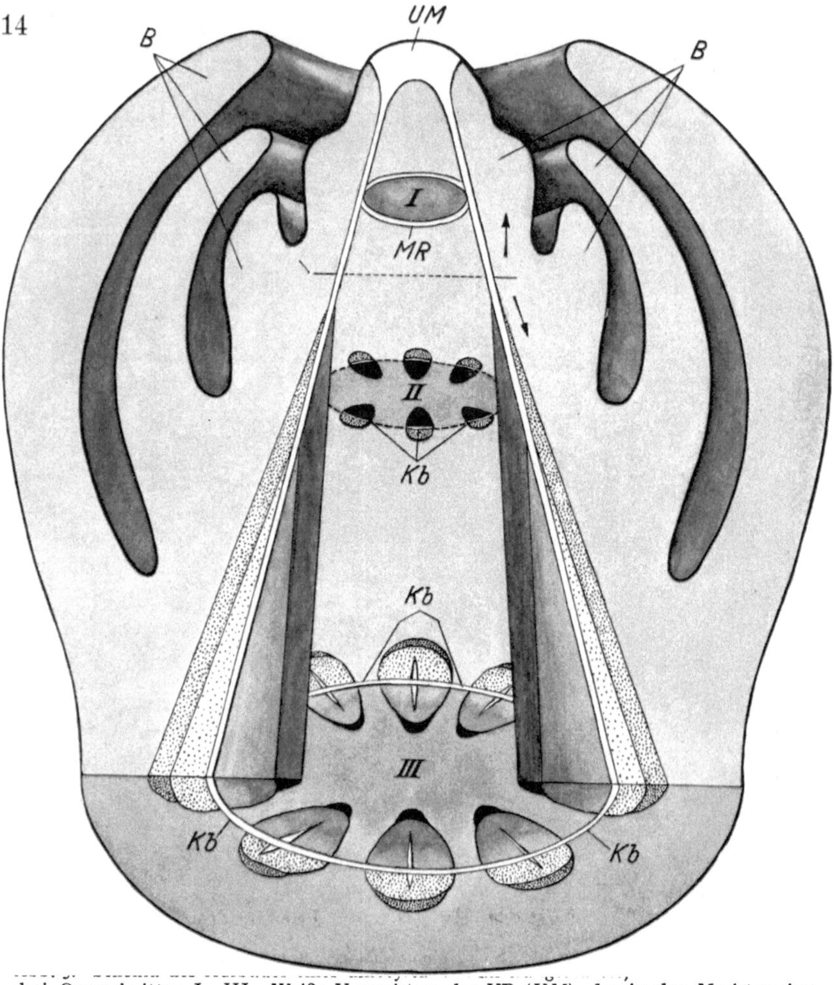

drei Querschnitten I—III. Weiß: Urmeristem des VP ($\breve{U}M$), das in den Meristemring
(I, $M\breve{R}$) übergeht, der sich weiter zum Kambiummantel (II, III, Kb) differenziert. Die
vom Kambiummantel nach innen abgegebenen Gewebe: schwarz (dunkel = primäres
Xylem, heller = sekundäres Xylem). Die vom Kambium nach außen produzierten Gewebe:
punktiert (dicht = primäres Phloëm, locker = sekundäres Phloëm). Die Gewebe des Marks
und der primären Rinde sind grau getönt. B Blattprimordien. Die gestrichelte Linie
zwischen I und II gibt die Grenze zwischen den primären und sekundären
Verdickungsvorgängen an. Nähere Erläuterungen im Text.

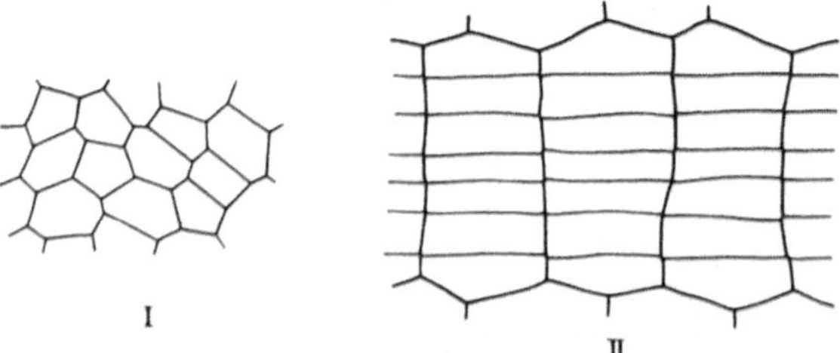

Abb. 5a. I Zellen aus dem Meristemring, II Zellen aus dem Kambiummantel (nach TROLL).

(Abb. 5 u. 5a, II). Über dieser Zone herrscht noch primäre Verdickungsfähigkeit. Der Übergang vom pDW zum sDW fällt also in jenen Horizont des Achsenkörpers, in dem der Meristemzylinder sich in das Kambium verwandelt (Abb. 5, gestrichelte Linie).

In diesem Sinn kann der Begriff des sDW ungezwungen auch bei den Monokotylen in Verwendung bleiben. Denn auch dort hat sich gezeigt, daß das von *Dracaena, Aloë, Kniphofia, Liriope, Mondo* u. a. bekannte sDW von einem Kambium besorgt wird, das als primärer Meristemmantel schon im Scheitelbereich ausgebildet ist. Als sekundär tätiges Kambium tritt es erst in jener Region in Tätigkeit, in der das Gewebe von Rinde und Zentralzylinder bereits in den Dauerzustand übergegangen ist. Die Grenze wird noch dadurch verdeutlicht, daß die sekundäre Aktivität hauptsächlich einwärts gerichtet ist, während das Meristem in der Zone der primären Verdickung auswärts arbeitet. Alles in allem ergibt sich so für beide Gruppen ein weitgehender Parallelismus zwischen den an der Achsenverdickung beteiligten Teilvorgängen. Vielleicht läßt sich das Kambium der Dikotylen zu dem primären Meristemring der Monokotylen sogar in Homologie setzen. Es ist wohl nicht ausgeschlossen, daß es sich bei den beiderlei Meristemen, bezogen auf den Achsenquerschnitt, um identische Gewebezonen handelt, die nur zu verschiedenen Zeitpunkten der Entwicklung in Aktivität treten. Beim Kambiumring der Dikotylen und Gymnospermen würde diese relativ spät einsetzen und sich in sekundärem Dickenwachstum äußern, während sie beim primären Meristemring der Monokotylen schon in unmittelbarer Scheitelnähe begänne und somit pDW bewirkte.

B. Erscheinungsfomen des Erstarkungswachstums bei Monokotylen und Dikotylen, dargestellt an ausgewählten Beispielen.

Sehr übersichtlich liegen die Verhältnisse bei *Zea Mays*. Nehmen wir eine ältere, zur Blüte schreitende Pflanze aus dem Boden, so bemerken wir schon bei flüchtiger Betrachtung, daß die Sproßachse von der Basis aufwärts bis zu einem Maximum erheblich an Dicke zunimmt. Das erste Sproßglied, das Mesokotyl, weist — sofern es überhaupt noch vorhanden ist — eine Dicke von etwa 2 mm auf. Auch die folgenden, ebenfalls verlängerten Internodien sind noch dünn. An der Erdgrenze aber erfolgt dann bei gleichzeitiger Internodienverkürzung rasch eine sehr bedeutende Dickenzunahme des Achsenkörpers, derart, daß das jeweils jüngere Internodium gegenüber dem vorausgegangenen einen größeren Durchmesser besitzt. Auf diese Weise nimmt die Basis der Sproßachse die bekannte verkehrt-kegelförmige Gestalt an (Abb. 7, I, Abb. 6, I). Sie ist das Resultat der beiden in Abschnitt A beschriebenen Vorgänge: 1. zunehmender Erstarkung des VP und 2. periodischer Steigerung des pDW, insgesamt des EW.

Das EW erreicht nun ein bestimmtes Maximum (Abb. 7, I, Ia). Darüber erfolgt eine Verjüngung des Achsenkörpers, indem die

Internodien zwar an Länge gewinnen, an Dicke aber bis in die terminale Infloreszenz hinein verlieren (Abb. 7, Ia, Abb. 6, I). Bei graphischer Darstellung ergibt sich die aus Abb. 7, Ia ersichtliche Dickenkurve (vgl. TROLL 1937, S. 209).

In ähnlicher Form spielt sich das EW auch bei den übrigen Monokotylen ab. Modifiziert wird das Ergebnis nur durch Verschiedenheiten im Längenwachstum der Internodien. Unterbliebe beispielsweise an einem Maissproß, abgesehen von dem der Infloreszenz vorausgehenden Achsenglied (dem Infloreszenzschaft), jegliche Internodienstreckung, erfolgte aber dennoch ein mit Erstarkung des VP verbundenes kräftiges pDW, so wäre der Erfolg, daß die Achse eine zwar verkehrt-kegelförmige, aber verkürzte bis scheibenförmige Gestalt annimmt. Es sei an den sich in Form einer „Zwiebelscheibe" darbietenden Primärsproß von *Allium Cepa* erinnert (Abb. 6, II).

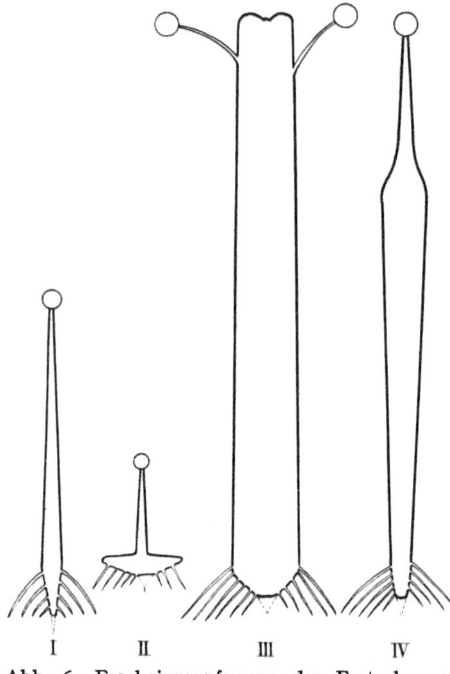

Abb. 6. Erscheinungsformen des Erstarkungswachstums bei Monokotylen, schematisch. I *Zea Mays*, II *Allium Cepa*, III Mehrzahl der Palmen, IV *Corypha Gebanga*. Die Infloreszenzen sind als Kreise angedeutet, die abgestorbenen Teile der Sproßachse gestrichelt.

Die größten Ausmaße erreicht das EW bekanntlich bei den Palmen. Auch hier nimmt die Sproßachse schon vor der Internodienstreckung die endgültige Dicke an, so daß zunächst ein kurzer, fast knollig zu nennender Stamm entsteht mit eingeengter Erstarkungszone, die an älteren Pflanzen freilich kaum mehr in Erscheinung tritt. Nach Abschluß des Erstarkungswachstums entwickelt sich der Stamm in der erreichten Dicke weiter, so wenigstens bei jenen Palmen, die ihre Infloreszenzen seitlich anlegen (Abb. 6, III). Bei terminaler Infloreszenzbildung dagegen tritt in der blühenden Region Verjüngung ein, so daß eine der von *Zea Mays* ähnliche Dickenperiodizität resultiert (*Corypha gebanga*, Abb. 6, IV).

Nicht wesentlich anders verhalten sich die Pteridophyten (Abb. 7, II). Übersichtliche Beispiele liefern insbesondere die Baumfarne (Arten von *Alsophila, Dicksonia, Blechnum* u. a., vgl.

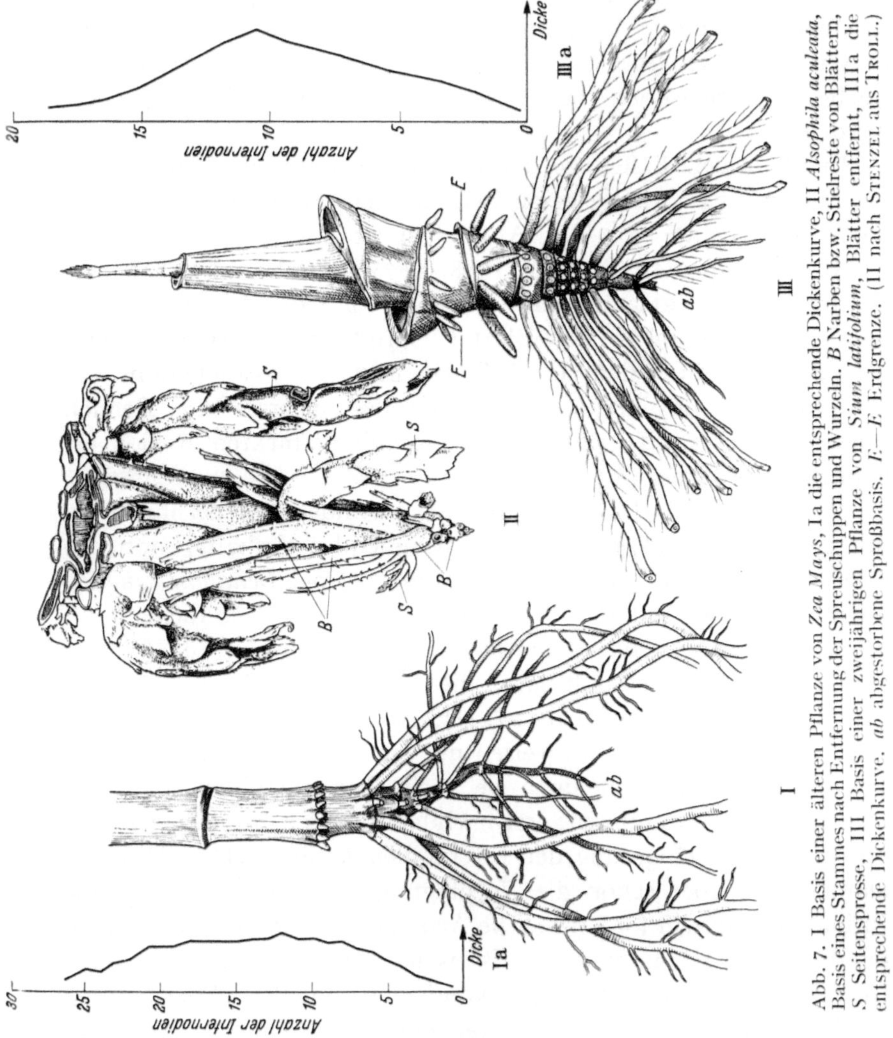

Abb. 7. I Basis einer älteren Pflanze von *Zea Mays*, I a die entsprechende Dickenkurve, II *Alsophila aculeata*, Basis eines Stammes nach Entfernung der Spreuschuppen und Wurzeln. *B* Narben bzw. Stielreste von Blättern, *S* Seitensprosse, III Basis einer zweijährigen Pflanze von *Sium latifolium*, Blätter entfernt, IIIa die entsprechende Dickenkurve. *ab* abgestorbene Sproßbasis. *E—E* Erdgrenze. (II nach STENZEL aus TROLL.)

TROLL 1937, S. 212). Anatomische Untersuchungen fehlen hier freilich noch ganz[1]. Wenn diese Pflanzen sich nach dem Muster der Monokotylen verhalten, so ist anzunehmen, daß im Verlauf der

---

[1] Sie sollen in Angriff genommen werden, sobald das erforderliche Material zur Verfügung steht (RAUH). Erschwerend fällt ins Gewicht, daß Pflanzen der verschiedensten Entwicklungsstufen benötigt werden.

Entwicklung sowohl eine Erstarkung des Scheitels als auch eine lebhafte Gewebeproduktion in dem hinter dem eigentlichen Achsenscheitel gelegenen Gewebe erfolgt. Eine solche Gewebeneubildung müßte zu einer ringwallförmigen Aufwölbung der Sproßachse, bzw. zu einer Versenkung der Scheitelzelle in eine $\pm$ tiefe Scheitelgrube führen. Von HOFMEISTER (1855, 1857) und KLEIN (1884) sind solche Scheitelgruben bei *Polypodium*-Arten auch festgestellt worden.

In all diesen Fällen wiederholt sich das für die Primärachse geschilderte Erstarkungsgeschehen an den Seitenachsen (TROLL 1937, S. 214 u. S. 674 ff.). Außerdem ist die von TROLL (1939, S. 1389 und 1942/43, S. 2252; 1948, S. 75 ff.) mit zahlreichen Beispielen belegte Tatsache hervorzuheben, daß die Ausbildung der Seitenorgane, nämlich der Blätter, sproßbürtigen Wurzeln und Seitensproße unter dem Einfluß des Erstarkungswachstums der Hauptachse steht; ihre Ausbildung ist also im erstarkten Bereich gegenüber der noch nicht oder nicht voll erstarkten Region erheblich gefördert.

Was nun die Dikotylen anlangt, so findet sich bei ihnen ein mit dem der Monokotylen übereinstimmendes Verhalten nur vereinzelt vor. TROLL (1948, S. 274) hat als Beispiel *Oenanthe aquatica* angeführt. Hier soll uns *Sium latifolium* als Muster dienen.

Betrachten wir eine blühreife Pflanze, die wir seichtem Wasser entnommen haben, so fällt daran die verkehrt-kegelförmige Gestalt des Achsenkörpers auf (Abb. 7, III, Abb. 8). Die ersten Sproßinternodien sind kurz und weisen nur einen geringen Durchmesser auf. Wie beim Mais nehmen sie nach oben allmählich an Dicke bis zu einem Maximum zu; erst nachdem dieses nahezu erreicht ist, erfolgt eine Verlängerung der Internodien (Abb. 7, IIIa, Abb. 39). Damit setzt aber schon die Verjüngung ein, die sich bis in die Infloreszenz hinein fortsetzt. Die Achsendicke nimmt dabei wieder bis zu Werten ab, die sie an der Basis der Erstarkungszone aufweist. Als das Resultat eines kräftigen, von Erstarkung des VP begleiteten pDW ist diese Dickenperiodizität derjenigen eines Maissprosses vergleichbar.

Daß unter den geschilderten Umständen die Primärwurzel nur von vorübergehender Dauer sein kann, leuchtet ein. Sie wird denn auch in der von RAUH schon an anderer Stelle (1937) erwähnten Weise früh durch sproßbürtige Wurzeln ersetzt, die jeweils in größerer Zahl aus den Knoten entspringen (Knotenwurzler nach

Weber 1936). Diese homorhize Radikation steht, wie nicht anders zu erwarten, unter dem Einfluß des EW der Sproßachse, dies in doppelter Hinsicht. Zunächst steigt die Zahl der den einzelnen Knoten entstammenden Wurzeln aufwärts an. Dazu kommt, daß die den erstarkten Teilen angehörenden Wurzeln wesentlich länger und dicker sind als die vorausgehenden (Abb. 7, III, Abb. 8, I).

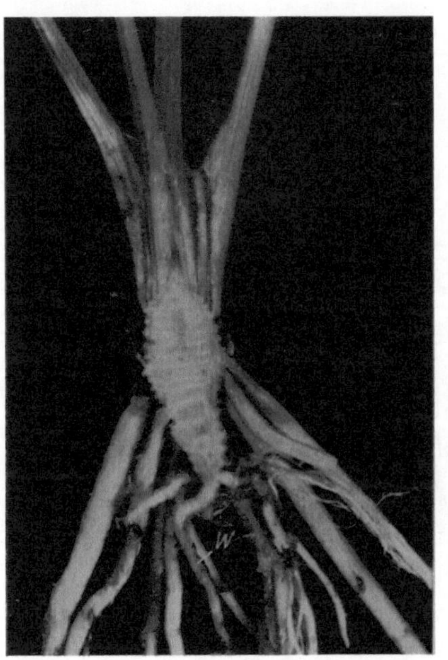
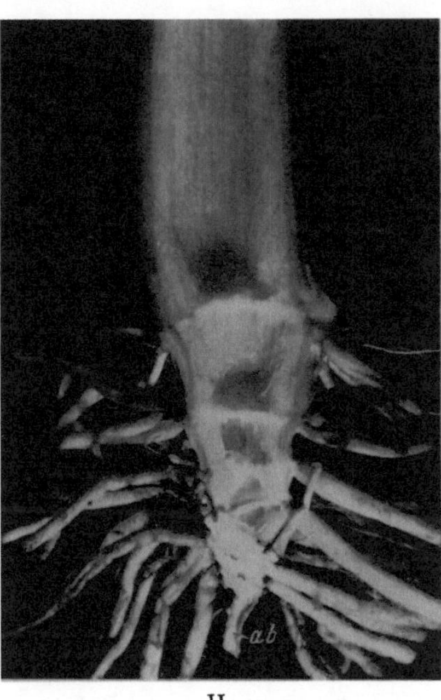

I   II

Abb. 8. *Sium latifolium*. I junge Pflanze, II ältere Pflanze, längs durchschnitten. Die Primärwurzel (*W*) ist in I noch erhalten, in II bereits abgestorben (*ab*). Man beachte die zunehmende Erstarkung der Wurzeln in I.

Die noch nicht voll erstarkten Achsenteile gehen zudem samt ihren Wurzeln früher oder später zugrunde, so daß sich schließlich der in Abb. 7, III, Abb. 8, II wiedergegebene Zustand einstellt.

Was für die sproßbürtigen Wurzeln gilt, trifft auch auf die Blätter zu; wie anderwärts gehen den Folgeblättern (Abb. 9, IV, V) in der Erstarkungszone einfachere Blattorgane (Primärblätter, Abb. 9, I—III) voraus. In der Verjüngungszone werden die bis dahin erzeugten Folgeblätter von einfacheren Stengelblättern abgelöst, die zur Hochblattbildung überleiten.

Insgesamt besteht also größte Ähnlichkeit mit dem Verhalten monokotyler Gewächse vom Muster des Mais. Wir können geradezu

von einer konvergenten Gestaltung sprechen. Der Fall lehrt einprägsam, daß die von den Monokotylen bekannten Erstarkungsphänomene in ganz ähnlicher Form bei den Dikotylen wiederkehren.
Es ist, wie wir abermals betonen möchten, höchst erstaunlich, daß
diese Tatsache in der Literatur bis in die jüngste Zeit herein keine
Erwähnung findet. Die Erklärung hierfür erblicken wir in der fast

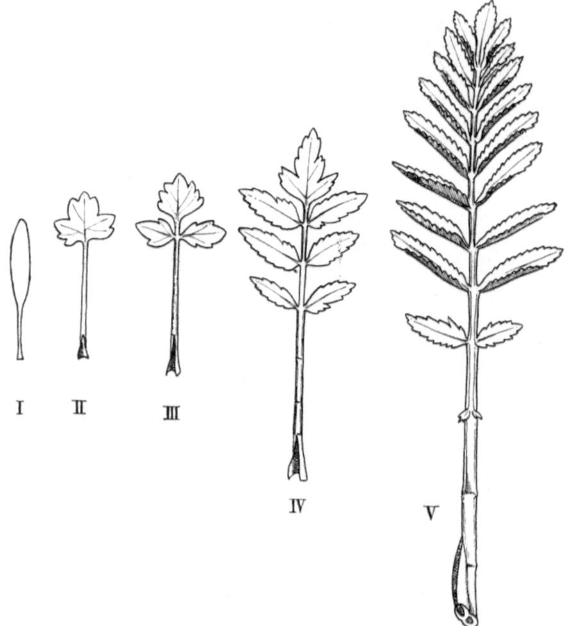

Abb. 9. *Sium latifolium*. Blattfolge. I Keimblatt; II, III Primärblätter; IV Folgeblatt
vom Beginn der Erstarkungszone, V Folgeblatt aus dem Bereich des Erstarkungsmaximums.

chronisch gewordenen Vernachlässigung der typologischen Methode,
mit der Konsequenz, daß der Organismus zu wenig in seiner
Gesamtheit und im vergleichenden Bezug betrachtet wurde. Insbesondere auf anatomischem Gebiet fehlt es — von beachtlichen
Ausnahmen abgesehen — weithin an vergleichender Methodik, die
allein es erlaubt, die Einzelheiten auch der anatomischen Struktur
in umfassenden Zusammenhängen zu sehen.

In so klarer und übersichtlicher Form wie bei *Oenanthe aquatica*
und *Sium latifolium*, denen sich etwa noch *Trapa natans* anreihen
läßt, tritt uns das EW der Sproßachse bei den Dikotylen nur vereinzelt entgegen. In den meisten Fällen, auch bei der Mehrzahl der
krautigen Pflanzen also, setzt im Fortgang des pDW von den rückwärtigen Sproßabschnitten her sDW ein, was in der Ausbildung

eines $\pm$ mächtigen Holzkörpers zum Ausdruck kommt. Dadurch wird die vom EW veranlaßte verkehrt-kegelförmige Gestalt der Sproßbasis teilweise oder sogar vollständig „maskiert". Nur der Markkörper behält die ursprünglichen Dickenausmaße auch weiterhin bei und weist demnach jene verkehrt-kegelförmige Gestalt auf, die der Sproßbasis im ganzen infolge der sekundären Verdickung verlorengeht.

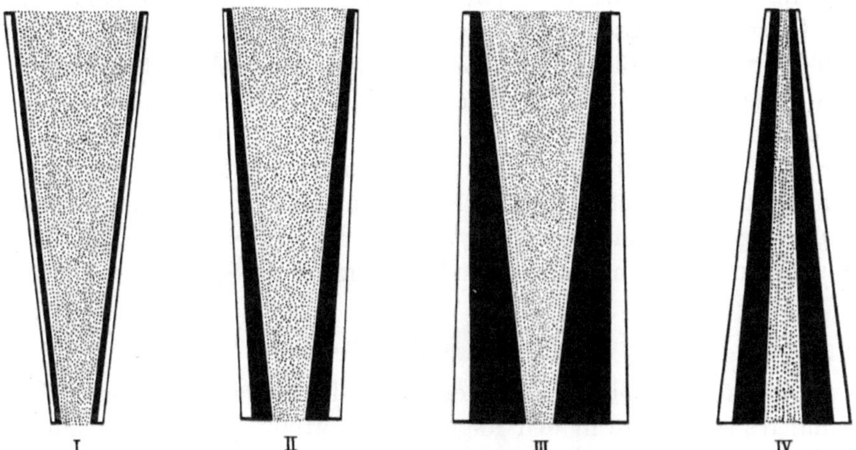

Abb. 10. I Erstarkungswachstum mit fehlender, II mit unvollständiger, III mit vollständiger Maskierung, IV fehlendes Erstarkungswachstum. Mark: punktiert; kambialer sekundärer Zuwachs: schwarz; primäre Rinde: weiß.

Im einzelnen ergeben sich für die Achsengestaltung der Dikotylen verschiedene Möglichkeiten, deren Erläuterung die schematischen Darstellungen von Abb. 10 dienen sollen. I gibt die Verhältnisse von *Oenanthe aquatica, Sium latifolium* oder *Trapa natans* wieder: infolge des Fehlens sekundärer Verdickungsvorgänge hält der Achsenkörper an der vom Erstarkungswachstum herrührenden verkehrt-kegelförmigen Gestalt dauernd fest. Wir wollen in diesem Fall von Erstarkungswachstum mit fehlender Maskierung sprechen. Erstarkungswachstum mit unvollständiger Maskierung (II) liegt vor, wenn die vom Erstarkungswachstum veranlaßte, aufwärts gerichtete Dickenzunahme von dem an sich kräftigen sDW nur teilweise ausgeglichen wird. Beispiele für dieses häufigste Verhalten sind etwa *Brassica oleracea* in ihren verschiedenen Varietäten, *Euphorbia Peplus, Tropaeolum maius* und *Helleborus foetidus*. Es schließt sich endlich das Erstarkungswachstum mit vollständiger Maskierung an (III), für das unter anderem *Helianthus annuus* und *Nicotiana Tabacum* Beispiele abgeben. Hierbei ist von einer verkehrt-kegelförmigen Ausbildung der Stammbasis überhaupt nichts zu bemerken, da das aus dem EW resultierende Dickendefizit der basalen Achsenregion durch kräftige sekundäre Verdickung vollständig kompensiert wird. Nur der Markkörper läßt auch nach Abschluß sämtlicher Verdickungsprozesse in seiner spitzenwärts sich steigernden Dicke noch einen Schluß auf den auch hier sich vollziehenden Erstarkungsvorgang zu.

Dieser lückenlosen typologischen Reihe läßt sich als letztes Glied ein Verhalten anfügen, das die Mehrzahl der Holzgewächse und die Erneuerungstriebe perennierender Dikotyler (Stauden) kennzeichnet. Bei ihnen ist gemäß Schema Abb. 10, IV das Ausmaß des EW unbedeutend, ja so gering, daß der Markkörper sich aufwärts, wenn überhaupt, kaum nennenswert erweitert. Das sDW dagegen macht sich stark geltend, was zu einer allmählichen Verjüngung des Achsenkörpers in Richtung auf die Sproßspitze führt.

C. Spezieller Teil.

Die grundsätzlichen Erörterungen des vorausgehenden Abschnittes sollen nun in den folgenden Kapiteln durch ausgewählte Beispiele unterbaut werden. Es steht auch weiterhin die typologische Betrachtungsweise im Vordergrund der Darstellung, da es nur so möglich ist, die Einheit in der Mannigfaltigkeit der Einzelformen aufzuzeigen.

I. Erstarkungswachstum von Primärachsen.
1. Erstarkungswachstum bei medullärer Primärverdickung.
a) Erstarkungswachstum mit vollkommener Maskierung.
Helianthus annuus. (Abb. 11—16).

Je nach Ernährungsbedingungen kann die Sproßachse dieser Pflanze eine Länge bis zu 3 m bei einem Durchmesser bis zu 5 cm erreichen. Bei oberflächlicher Betrachtung hat man den Eindruck, als nehme sie von der Basis spitzenwärts kontinuierlich an Dicke ab, um dann in der Infloreszenzregion sich exzessiv zu erweitern. Verfolgt man aber messend die Dicke der einzelnen Internodien und trägt die Werte kurvenmäßig auf, so zeigt sich, daß etwa vom dritten Internodium ab eine leichte Zunahme der Sproßdicke erfolgt (Abb. 11, I, Abb. 12). Diese Zone fällt in der Regel mit dem

Übergang der Dekussation in die zerstreute Blattstellung der oberen
Sproßabschnitte zusammen, worauf schon THODAY (1922, s. auch
Abb. 2, Tafel 17 daselbst) hingewiesen hat. Obwohl diese Dickenzunahme nur sehr gering ist, wird sie doch von einer recht auffallenden Internodienverkürzung begleitet (Abb. 12). Oberhalb
des Maximums fällt die Achsendicke nach der terminalen Infloreszenz hin allmählich wieder ab.

Der Verlauf des EW läßt sich aus den Ausmaßen des Markkörpers erschließen. Auf axialen
Längsschnitten durch den Sproß zeigt sich, daß sich
das Mark kurz oberhalb des Kotyledonarknotens
verkehrt-kegelförmig zu erweitern beginnt bis zu
einem Maximum im un-teren Drittel des Achsenkörpers, das mit dem eben erwähnten Maximum der
Gesamtdicke zusammen-fällt (Abb. 11, I). Aufwärts erfolgt sodann eine allmähliche Verjüngung.
Die Zunahme des Achsen-durchmessers im Bereich
der terminalen Inflores-zenz macht auch das
Mark mit, das in dieser Region somit seine größten Ausmaße erreicht.

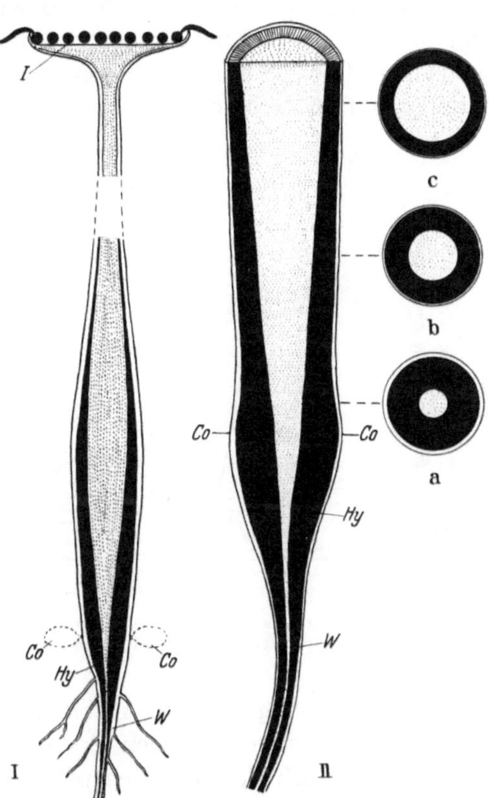

Abb. 11. *Helianthus annuus*. I Wuchsform schematisch. Die Erstarkungszone etwas übertrieben gezeichnet, II Längsschnitt durch die Basis einer alten
Pflanze, halbschematisch. a—c die entsprechenden
Querschnitte. Schwarz: Holzkörper, punktiert: Markkörper, *W* Primärwurzel, *Hy* Hypokotyl,
Co Kotyledonen, *I* Infloreszenz.

Daß die verkehrt-kegelförmige Ausbildung des Markkörpers nach
außen hin kaum in Erscheinung tritt, erklärt sich daraus, daß in
der Zone der beginnenden Erstarkung ein nicht unerhebliches sDW
einsetzt, das von einem Kambium unterhalten wird und zur
Bildung eines recht massiven Holzkörpers führt. Dieser erreicht,
ganz im Gegensatz zum Mark, seine größte Mächtigkeit an der

Sproßbasis (Abb. 11, II, Abb. 12): in Höhe des Kotyledonarknotens stellt er auf Querschnitten einen kompakten, von dünnen Markstrahlen unterbrochenen Ring dar, der mehr als die Hälfte der Querschnittsfläche beansprucht (Abb. 11, IIa); aufwärts verschmälert sich bei fortschreitender Erweiterung des Markes der Holzring (Abb. 11, IIa—c, s. auch Thoday Fig. 3 und 4, Tafel 17), und in den oberen Abschnitten der Sproßachse ist die Bildung sekundärer Gewebe auf die einzelnen, durch breite Markstrahlen getrennten Bündel beschränkt.

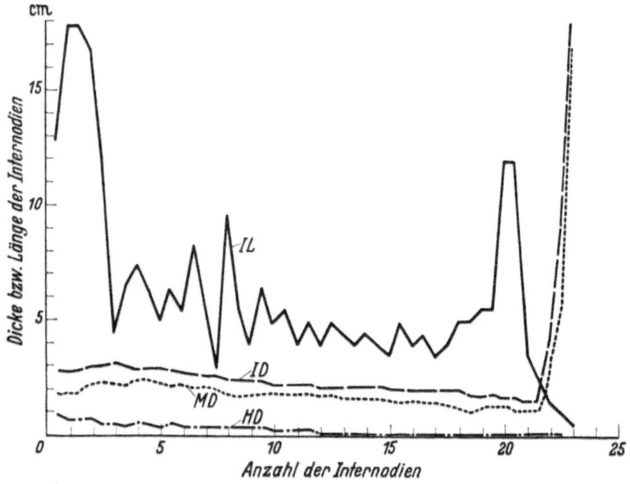

Abb. 12. *Helianthus annuus*. Längen- und Dickenkurve einer blühenden Pflanze. *JL* Internodienlänge, *JD* Internodiendicke, *MD* Dicke des Markkörpers, *HD* Dicke des Holzkörpers.

Die verkehrt-kegelförmige Ausbildung des Markkörpers ist das Ergebnis einer fortschreitenden Erstarkung des VP und eines in dessen Gefolg sich vollziehenden pDW medullärer Art. Was zunächst die Erstarkung des VP anlangt, so ist sie mit einem auffallenden Formwechsel des Achsenscheitels verknüpft. Daß dem so ist, geht in klarer Weise aus Längsschnitten durch den VK von Pflanzen verschiedenen Alters hervor. Der Scheitel der Keimpflanze in Abb. 13, I hat bereits die ersten, dekussiert-stehenden Laubblätter angelegt; merkwürdig ist, daß der von ihnen umschlossene, sich auf wenige Zellen beschränkende VP nicht kuppenförmig hervortritt, sondern sich in Gestalt einer apikalen Konkavität darbietet. Diese Form behält er unter geringfügiger Vermehrung seines Zellbestandes etwa bis zur Bildung des dritten Blattpaares bei. Auf den jetzt folgenden Stadien wird die grubenförmige Vertiefung des Scheitels ausgeglichen und der VP zu einer flachen Kuppe umgestaltet (Abb. 13, II, III), wobei sich eine starke Vermehrung des Zellmaterials vollzieht. Auf dem Stadium II besteht die erste Tunicaschicht aus 8, auf Stadium III bereits aus 18 Zellen (auf den Längsschnitten). Von nun an beginnt der VP sich leicht kegelförmig zu erheben, wobei er zwar an Zellmasse, meist aber nicht an Umfang zunimmt (Abb. 13, IV). Dieses Stadium entspricht an der entwickelten Sproßachse jener Zone, in der diese insgesamt und mithin auch der Markkörper an Dicke verliert (oberes Drittel in Abb. 11, Abb. 12). In der Folge setzt ziemlich unvermittelt eine starke Verbreiterung des VP ein; er gibt die kegelförmige Gestalt auf und kehrt zu flach-kuchenförmiger Ausbildung zurück. Nunmehr besteht er aus einem kleinzelligen Meristem, das sich ziemlich scharf von dem großzelligen Mark absetzt und dieses deckenartig überzieht (Abb. 13, V—VII). Mit GRÉGOIRE (1938) und SCHÜEPP (1942) können wir von einer „Meristemdecke" sprechen. Mit dieser Ausweitung der Scheitelregion wird der Übergang von der vegetativen zur reproduktiven Phase eingeleitet, ein Wechsel, der verhältnismäßig früh erfolgt, jedenfalls längst vor dem Zeitpunkt, zu dem die Sproßachse ihre endgültige Länge und Dicke erreicht hat. Der VP gewinnt jetzt rasch an Umfang und nimmt dabei wieder eine kegelförmige Gestalt an (Abb. 13, VI, VII). Es kommt auf diese Weise zur Bildung der tellerförmig-abgeflachten Infloreszenzachse, die im entwickelten Zustand nicht selten einen Durchmesser von etwa 25 cm erreicht.

Das pDW äußert sich vor allem in einer mit der Erstarkung des VP einhergehenden Erweiterung des Markkörpers. In dessen Gewebe sind die Zellen zu longitudinalen Reihen geordnet, was darauf hindeutet, daß die Teilungen bevorzugt senkrecht zur Längsachse des Scheitels erfolgen. Die zentralen Markzellreihen halten die longitudinale Orientierung fest, während die bei der Erstarkung des VP neu entstehenden Zellzüge bogenförmig nach der Peripherie verlaufen (Abb. 13, V—VII, gestrichelt). Ihr Maximum erreicht die Markerweiterung in der Infloreszenzachse, die größtenteils von Markgewebe gebildet wird[1].

Bemerkenswert ist die sekundäre Zellvermehrung, die sich im Markkörper abspielt. Sie führt noch eine zusätzliche Vergrößerung des

---

[1] Nach einer Angabe in HEGIS „Illustrierter Flora von Mitteleuropa" können aus dem Infloreszenzmark Schwimm- und Rettungsgürtel hergestellt werden; teilweise (besonders in China) wird es auch zu Papier verarbeitet.

Achsendurchmessers herbei, der in ihrem Verlauf seine endgültige
Dicke erreicht. Um welche Vorgänge es sich dabei handelt, geht
aus Abb. 14 hervor, in der Querschnitte durch die Mitte des ersten
Internodiums von Pflanzen verschiedenen Alters wiedergegeben

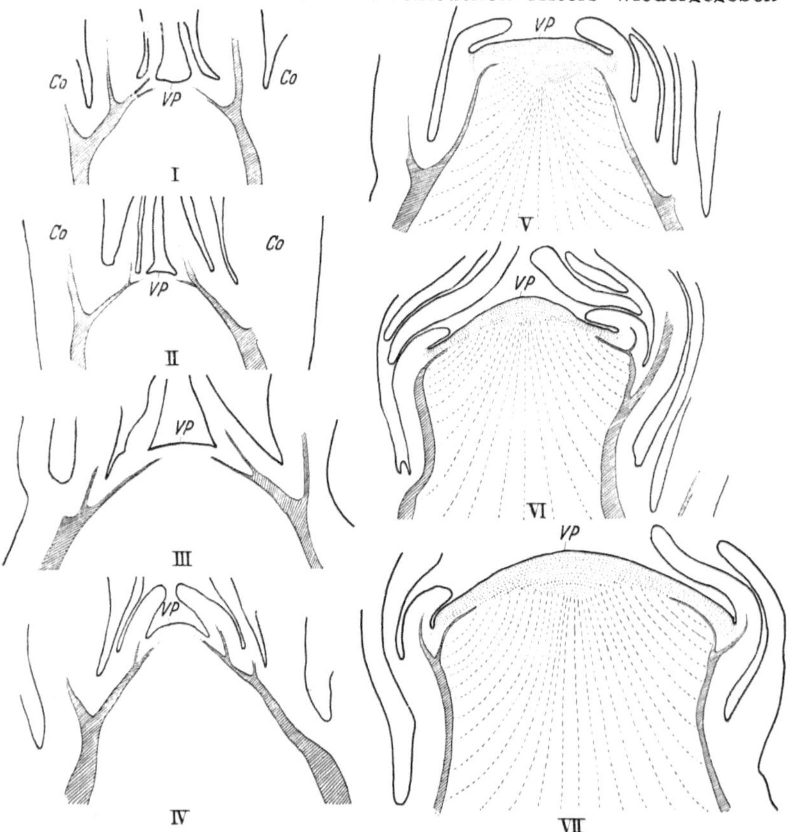

Abb. 13. *Helianthus annuus.* Längsschnitte durch den VK verschieden alter Pflanzen.
I, II Keimpflanzen, III, IV ältere Keimpflanzen, V—VII zur Blüte übergehende Pflanzen.
Das Gewebe des Vegetationspunktes (*VP*) in V—VII punktiert, der Verlauf der
Markzellreihen gestrichelt. *Co* Kotyledonen.

sind. Davon zeigt I den Querschnitt durch ein 10 cm hohes Exem-
plar mit zwei entwickelten Internodien; die Sproßachse hat einen
Durchmesser von 0,3 cm, wovon 0,2 cm auf den Markkörper ent-
fallen. Der Querschnitt in II stammt von einer 65 cm hohen
Pflanze mit vier entwickelten Internodien. Das Mark weist hier
einen Durchmesser von 0,5 cm auf bei einer Sproßdicke von 0,7 cm.
Der Kambiumring hat bereits sekundären Zuwachs geliefert. Der
Querschnitt in III endlich ist von einer 150 cm hohen Pflanze mit

15 entwickelten Internodien genommen. Der Sproßdurchmesser beträgt 1,5 cm, die Markdicke 1,0 cm. Damit aber hat der Achsenkörper seine Dickenentwicklung noch keineswegs abgeschlossen. So etwa betrug der Durchmesser des ersten Internodiums an dem in Abb. 12 dargestellten Exemplar 2,9 cm bei einem Markdurchmesser von 1,9 cm. In diesem Fall also hatte das Mark gegenüber dem Abb. 14, I zugrundeliegenden Entwicklungsstadium seinen Durchmesser um das 9,5fache vergrößert.

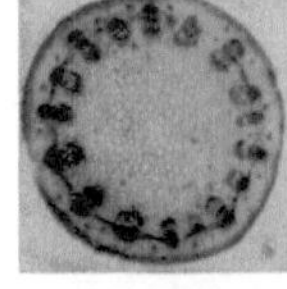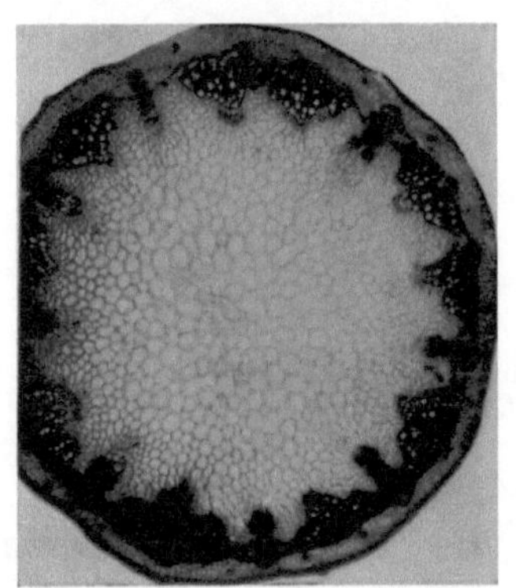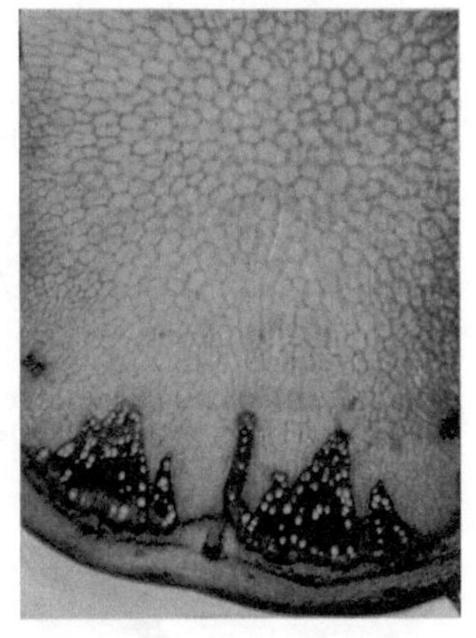

Abb. 14. *Helianthus annuus.* Querschnitte durch das erste Internodium einer 10 cm (I), einer 65 cm (II) und einer 150 cm großen Pflanze (III) (gleiche Vergrößerung).

Wir haben zu fragen, auf welchen histogenetischen Prozessen diese nachträgliche Erweiterung des Markes beruht. Auskunft erteilt die Analyse der in Abb. 15 und 16 wiedergegebenen Querschnitte. In Abb. 15, I—III sind Zellkomplexe aus dem Zentrum des Markkörpers, den Querschnitten in Abb. 14 entnommen, dargestellt. Von I nach III nimmt der Zelldurchmesser um den doppelten bis dreifachen Betrag zu, ein Beweis dafür, daß die Markzellen des Schnittes Abb. 14, I noch nicht in Streckung begriffen waren. Vereinzelt finden auch noch Zellteilungen statt (Abb. 15, III bei ×· ·×). Beim Übergang in den Dauerzustand erweitern sich diese zentralen Elemente des Markes allseits gleichmäßig, sie behalten also auch ihre polyedrische Gestalt bei. Anders die peripher gelegenen Markzellen. Ihr Streckungswachstum erfolgt bevorzugt in e i n e r Richtung, die im einzelnen verschieden ist. Die den einwärts vorspringenden Holzteilen der ursprünglichen Leitbündel benachbarten Elemente strecken sich in radialer Richtung, während die in die Markstrahlbereiche fallenden Zellen sich

vorwiegend in tangentialer Richtung erweitern (Abb. 16, II, III).
Das Zellgefüge der die Zacken der Markkrone umschließenden Markkomplexe macht daher einen pinselartigen Eindruck (Abb. 16, III).
Dazu kommt, daß in diesen peripheren Bereichen des Markes die
Zellen auch noch Querteilungen erfahren (Abb. 16, II, III). Sie

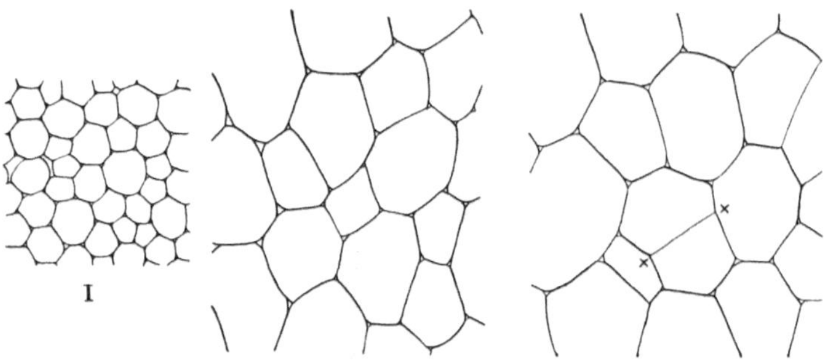

Abb. 15. *Helianthus annuus.* Ausschnitte aus dem zentralen Mark der in Abb. 14, I—III
wiedergegebenen Querschnitte. ×—× Zellteilung.

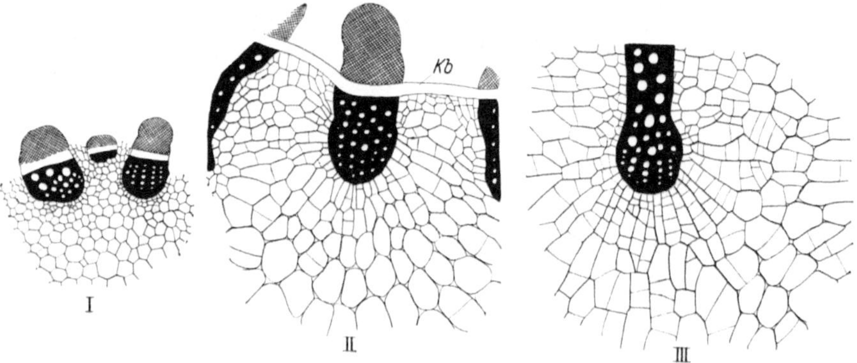

Abb. 16. *Helianthus annuus.* Ausschnitte aus dem peripheren Mark der in Abb. 14 wiedergegebenen Querschnitte. Kambium: weiß, Xylem: schwarz, Phloëm: doppelt schraffiert.

bewirken ein Dickenwachstum, das, weil es in Scheitelferne erfolgt,
sekundären Charakter trägt und als parenchymal-medulläres
sekundäres Dickenwachstums zu charakterisieren ist (vgl. die
Übersicht auf S. 12). Zum Beleg seien einige Zahlen angeführt,
die sich auf die Querschnitte in Abb. 14 beziehen. Darin ist der
Markkörper in I 25, in II 28 und in III 38 Zellen stark. Am EW
des Markkörpers hat diese Zellvermehrung keinen Anteil, weil sie
in allen Teilen der Achse den gleichen Betrag aufweist.

Während all dieser Vorgänge erfährt die primäre Rinde kaum
Veränderungen, die sich nach außen hin geltend machen. Wohl

zeigen Epidermis- und Rindenzellen im Verlauf der Achsenverdickung ein kräftiges Dilatationswachstum, strecken sich also unter wiederholten Antiklinalteilungen stark in tangentialer Richtung; eine Verdickung der Rindenzone durch Periklinalteilung erfolgt indes nicht. Die primäre Rinde hat somit keinen Anteil an den Verdickungsvorgängen. Erwähnt sei noch, daß die Epidermis, die oberhalb des Kotyledonarknotens persistiert, im Bereich des Hypokotyls durch Periderm ersetzt wird.

Zusammenfassend stellen wir fest, daß die Verdickung der Sproßachse von *Helianthus annuus* auf mehreren, zum Teil gleichzeitig, zum Teil nacheinander ablaufenden Prozessen beruht: 1. auf Erstarkung des VP und pDW (medulläre Form), 2. auf einem auf die basalen Abschnitte beschränkten kambialen sDW und 3. auf einer sekundären Erweiterung des Markes, also parenchymaler sekundärer Verdickung der medullären Form (vgl. die Übersicht auf S. 12). Von der Sproßmitte ab überwiegt das primäre, in der Sproßbasis dagegen das sekundäre DW, mit dem Erfolg, daß das EW äußerlich nicht in Erscheinung tritt. Die Infloreszenz nimmt wie anderwärts eine Sonderstellung ein.

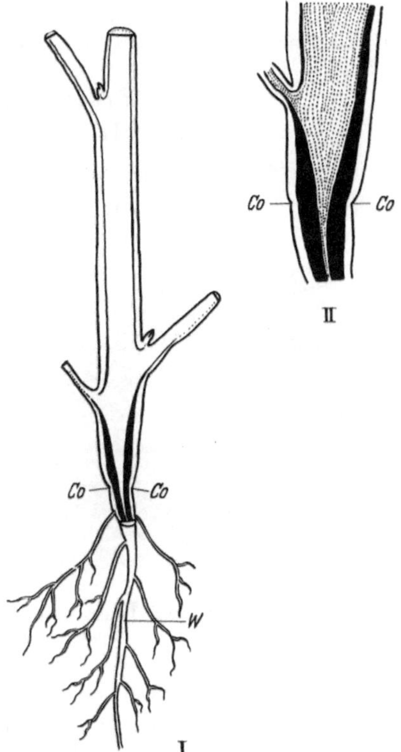

Abb. 17. *Nicotiana tabacum*. I Längsschnitt durch die Basis einer 10 cm hohen Pflanze, II dieselbe vergrößert. Schwarz: kambialer sekundärer Zuwachs, punktiert: Mark. *W* Primärwurzel, *Co* Kotyledonen.

Nicotiana tabacum (Abb. 17).

Ähnlich wie bei der Sonnenblume liegen die Verhältnisse bei der Tabakpflanze, von der ein Längsschnitt durch ein jüngeres Entwicklungsstadium in Abb. 17 wiedergegeben ist. Oberhalb der Kotyledonen beginnt der Markkörper sich stark zu erweitern, aber auch hier setzt im Verlauf des EW kräftiges sDW ein, so daß die durch das EW bewirkte verkehrt-kegelförmige Gestalt des Achsenkörpers maskiert wird. Eine gewisse spitzenwärts gerichtete Dickenzunahme bleibt indes auch hier gewahrt (vgl. *Helianthus,*

S. 22). Sie setzt etwa mit dem fünften Internodium ein und ist von einer auffallenden Internodienstauchung begleitet (s. Abb. 66, IV). Ehe der Tabak nämlich in „Trieb" kommt, verharren die Pflanzen längere Zeit auf einem Rosettenstadium, was wohl lediglich die Folge einer durch das Verpflanzen bedingten Wachstumsstockung ist. Sobald die Pflanzen aber durchtreiben, setzt rasch Internodienverlängerung und damit auch eine Dickenabnahme der Sproßachse ein, die unter entsprechender Minderung des VP in die Infloreszenz hinein zu verfolgen ist.

b) Erstarkungswachstum
mit unvollkommener Maskierung.

Beispiele für diese weitverbreitete Form des EW liegen etwa in den verschiedenen Varietäten von *Brassica oleracea,* in *Euphorbia-*

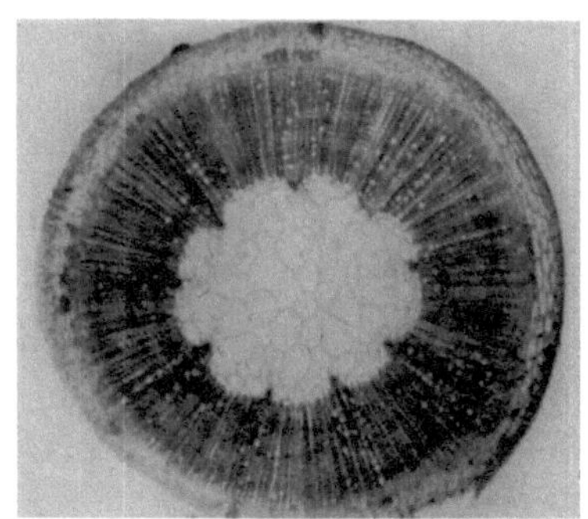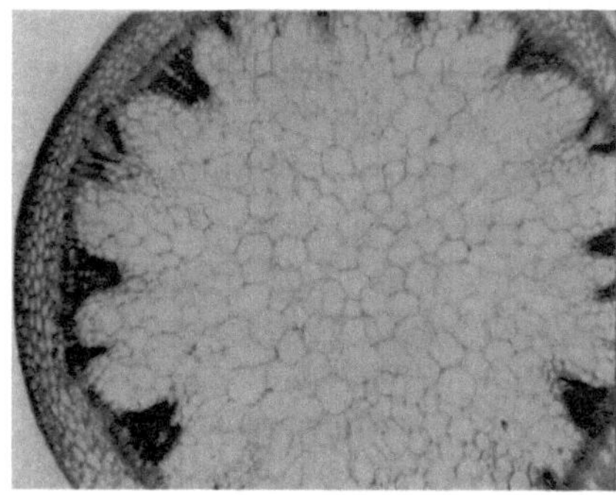

I   II

Abb. 18. *Euphorbia Peplus.* Querschnitte durch das erste (I) und sechste Internodium (II) einer 15 cm hohen Pflanze.

Arten *(Euphorbia helioscopia* und *Euphorbia Peplus), Tropaeolum majus, Helleborus foetidus, Lactuca sativa* und *Plantago media* vor. Wir beginnen mit der Schilderung von

Euphorbia Peplus (Abb. 18)

die der *Euphorbia helioscopia* in allen wesentlichen Stücken gleicht. Beide Arten bieten den Vorteil, daß sich von ihren Sprossen, die nur geringe Dicke erreichen, übersichtliche mikroskopische Präparate herstellen lassen.

Hinsichtlich des EW herrscht Übereinstimmung mit den im Vorausgehenden behandelten Beispielen. Es wird aber die spitzenwärts gerichtete Dickenzunahme der primären Gewebe, insonderheit des Markes, durch das sDW nur unvollständig maskiert, mit dem Ergebnis, daß der Durchmesser des Achsenkörpers auch nach Abschluß der sekundären Verdickung an der Basis geringer ist als im maximal erstarkten Bereich, in welchem auf Querschnitten das

Mark dominiert, während in der basalen Region eine recht bedeutende Verholzung zu verzeichnen ist (Abb. 18, I).

Lehrreich ist das Verhalten des Rindengewebes. Wie TROLL (1948, S. 274) am Beispiel von *Euphorbia helioscopia* dargetan hat, bleibt es in Übereinstimmung mit anderen krautigen Gewächsen auch an den sekundär verdickten Achsenteilen erhalten. Es muß

Abb. 19. *Tropaeolum majus.* Junge und ältere Pflanze, deren Blätter zum Teil weggeschnitten sind. *E* Epikotyl, *S* Samen.

Abb. 20. *Helleborus foetidus.* Blühender Sproß.

demgemäß samt der Epidermis eine Dilatation erfahren, die in tangentialer Streckung und wiederholter antiklinaler Aufteilung seiner Elemente besteht. Derartige Veränderungen macht die primäre Rinde aber nur an der Basis des Sprosses durch. In den höheren, erstarkten Teilen des Achsenkörpers, in denen die Bildung sekundärer Gewebe unterbleibt, fehlen die Dilatationssymptome auch in Andeutungen.

Tropaeolum majus (Abb. 19) und *Helleborus foetidus* (Abb. 20)

Wie Abb. 19 zeigt, in der zwei verschieden alte Pflanzen von *Tropaeolum majus* wiedergegeben sind, bleibt die Sproßachse im

Bereich des verlängerten Epikotyls (*E*) dünn. Ein von Internodienstauchung begleitetes EW setzt erst oberhalb des Primärblattwirtels ein. Wie in den vorher behandelten Beispielen beruht es auf einer Steigerung des im Mark sich vollziehenden pDW. Die

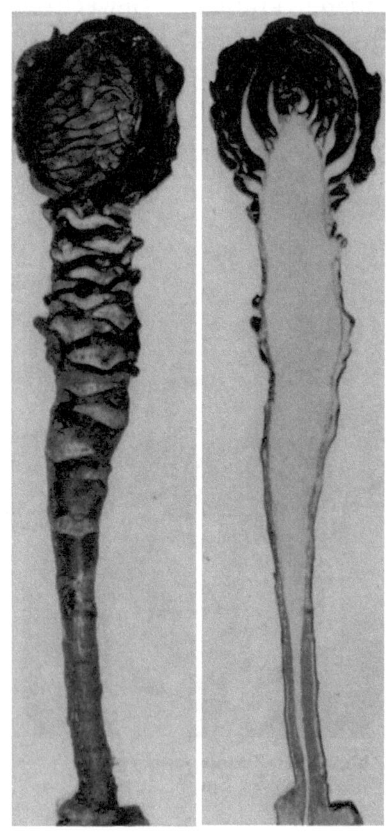

Abb. 21. Rotkraut (*Brassica oleracea* var. *capitata* f. *rubra*) in II längs durchschnitten. Holzkörper: dunkel, Mark: hell.

sekundäre Verdickung erreicht nennenswerte Ausmaße allein im Epikotyl, in den höheren Stengelteilen tritt die sekundäre Holzbildung stark zurück. Demzufolge nimmt die Sproßachse in der Erstarkungszone ein verkehrtkegelförmiges Aussehen an. Gleiches gilt für *Helleborus foetidus* (Abb. 20), eine Pflanze, die darin, daß bei ihr das Verhältnis zwischen EW und sDW noch stärker zugunsten des ersteren verschoben ist, zu

Brassica oleracea (Abb. 21—33) in ihren verschiedenen Varietäten (Weißkohl, Rotkohl, Blumenkohl, Rosenkohl, Krauskohl, Wirsingkohl und Markstammkohl) überleitet. Entfernt man an einer der kopfbildenden Sorten die zu einer großen Knospe (dem „Kopf") zusammenschließenden Blätter, so bietet sich die Sproßachse in der in Abb. 21, I wiedergegebenen Form dar. Sie beginnt an der Basis mit einigen verlängerten,

aber schwachen Internodien (s. Abb. 66, V, VI); schon etwa vom fünften Knoten an macht sich jedoch unter gleichzeitiger Stauchung eine Erstarkung geltend, so daß der Achsenkörper eine verkehrtkegelförmige Gestalt annimmt. Das Maximum der Erstarkung wird etwa in der mittleren Sproßregion erreicht und dann eine Strecke weit beibehalten. Eine Verjüngung erfolgt erst in unmittelbarer Nähe des VK. Auf Längs- und Querschnitten (Abb. 21, II, Abb. 22, Abb. 23) erhalten wir, von den weit größeren Ausmaßen abgesehen, das uns von *Euphorbia* und *Tropaeolum* her bekannte Bild. Entfaltet sich im zweiten Jahr die Infloreszenzanlage, so bildet sich unter Streckung der beteiligten Internodien, die zugleich stetig an Dicke abnehmen, über der erstarkten Region eine Verjüngungszone aus.

Insgesamt läßt sich die Achsengestaltung der Kohlarten aus dem Verhalten von *Helianthus* ableiten. Man braucht sich nur die

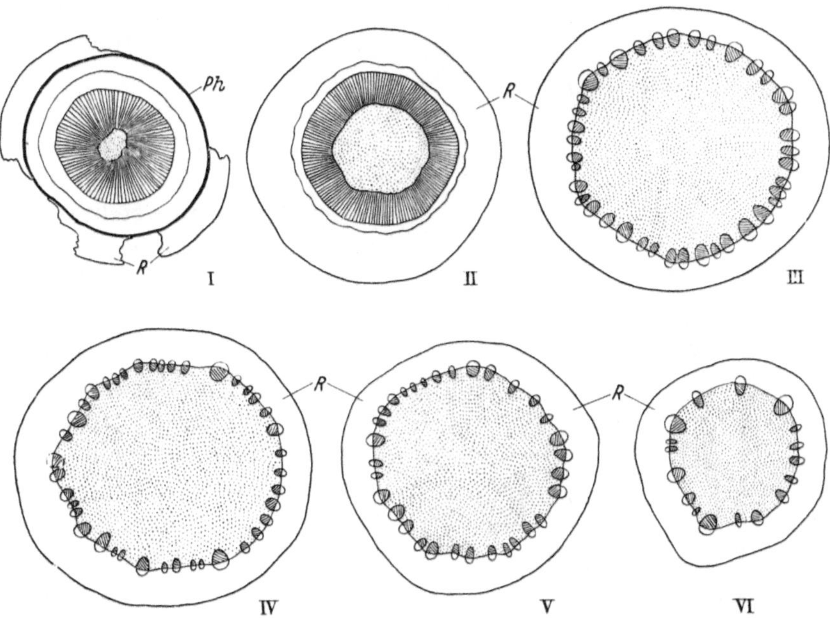

Abb. 22. Weißkraut (*Brassica oleracea* var. *capitata* f. *alba*). Querschnitte durch die Achse einer jungen Pflanze mit sechs entwickelten Laubblättern. I durch das Hypokotyl, II durch das erste, III—VI durch das dritte bis sechste Internodium. Mark: punktiert, Holz: schraffiert. *R* primäre Rinde, *Ph* Phellogen.

Produktion sekundärer Gewebe, insbesondere von Holz, verringert vorzustellen, d. h. anzunehmen, daß sie nicht ausreicht, die durch das EW bewirkte Zunahme des Achsendurchmessers zu maskieren, so geht Achsenform von *Helianthus* in die von *Brassica* über.

Die Hauptmasse der Sproßachse besteht aus Mark, worauf bei dem zu Futterzwecken angebauten ,,Markstammkohl'' schon der deutsche Name hinweist. Wie aus Abb. 21, II, Abb. 22 und Abb. 23 hervorgeht, ist der Markkörper in dem basalen Sproßteil dünn, nach obenhin erweitert er sich auf Grund eines aufwärts gesteigerten pDW kegelförmig. Das sDW führt zur Bildung eines relativ mächtigen Holzkörpers. Jedenfalls ist dieser so kräftig, daß die

Achsen des über 1 m erreichenden Markstammkohles in England zu Spazierstöcken verarbeitet werden können. Die Produktion sekundärer Gewebe reicht aber nicht aus, die durch das EW bedingte Zunahme des Achsendurchmessers zu verdecken, so daß der Achsenkörper auch nach Abschluß der sekundären Verdickung seine verkehrt·kegelförmige Gestaltung bewahrt.

Dem EW liegt auch hier eine Erstarkung des VP zugrunde (Abb. 24 und 25). Der VP der Keimpflanze stellt einen nur wenig gewölbten Höcker dar (Abb. 25, I), dessen erste Tunicaschicht, nachdem drei Laubblätter zur Entwicklung gelangt sind, im Längsschnitt 13 Zellen aufweist; an einer Keimpflanze mit neun entwickelten Laubblättern verfügt die Tunica, wiederum auf dem Längsschnitt, bereits über 52 Zellen, wobei der Umfang des VK sich mehr als verdoppelt hat (Abb. 25, II). Diese Vergrößerung des Scheitelmeristems hat zur Folge, daß schon in Höhe des VP eine größere Zahl von Markzellreihen angelegt wird (Abb. 26, I, II). Kurz vor Beendigung der vegetativen Phase erreicht der VP das Maximum seiner Ausdehnung, um dann mit der Ausbildung

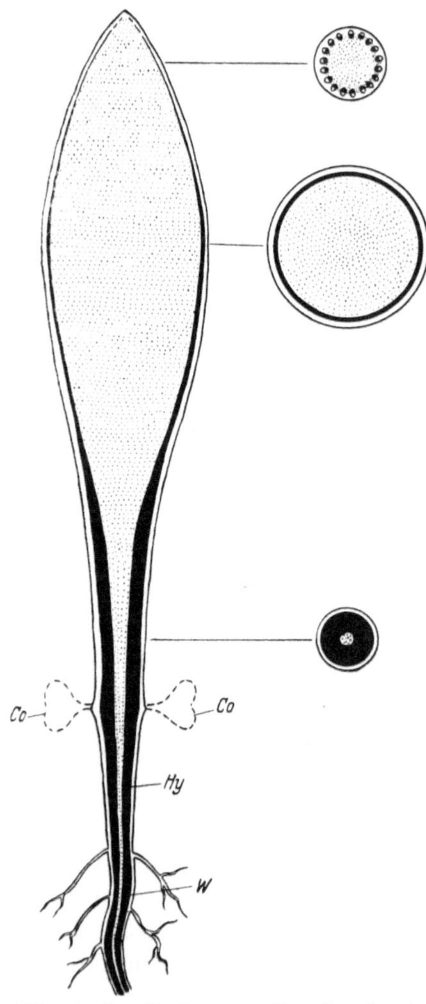

Abb. 23. Sproßaufbau von *Brassica oleracea* schematisch. Mark: punktiert, der kambiale sekundäre Zuwachs: schwarz. *Co* Kotyledonen, *Hy* Hypokotyl, *W* Primärwurzel.

der Blütenanlagen wieder an Umfang zu verlieren (Abb. 25, III—IV). Er nimmt dabei unter zahlenmäßiger Reduktion der Markzellreihen die Gestalt eines schlanken Kegels an (Abb. 26, III). Der Übergang von der vegetativen zur reproduktiven Phase ist leicht daran zu

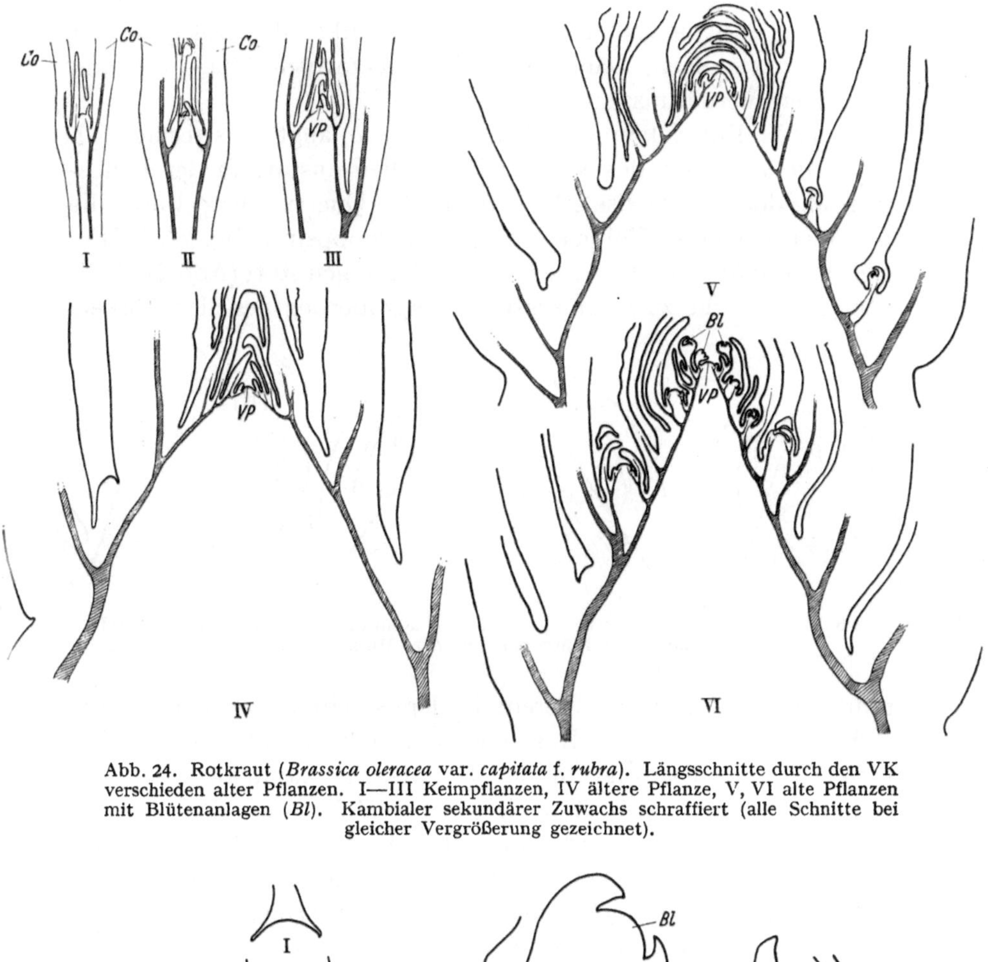

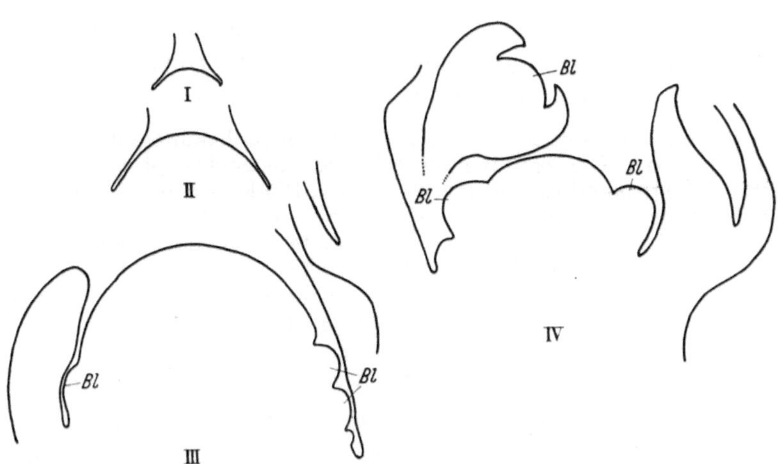

Abb. 24. Rotkraut (*Brassica oleracea* var. *capitata* f. *rubra*). Längsschnitte durch den VK verschieden alter Pflanzen. I—III Keimpflanzen, IV ältere Pflanze, V, VI alte Pflanzen mit Blütenanlagen (*Bl*). Kambialer sekundärer Zuwachs schraffiert (alle Schnitte bei gleicher Vergrößerung gezeichnet).

Abb. 25. Rotkraut (*Brassica oleracea* var. *capitata* f. *rubra*). I VP einer Keimpflanze, II einer älteren Pflanze, III, IV einer alten Pflanze mit Blütenanlagen (*Bl*).

erkennen, daß die axillären Vegetationspunkte der Anlegung der Blätter vorauseilen, während in der vegetativen Phase die umgekehrten Verhältnisse vorliegen.

Was die Entwicklung des Markkörpers anlangt, so strecken sich schon in der Höhe des VK die Markzellen anstatt in der Längsrichtung der Sproßachse sehr stark in der Querrichtung, wobei die einzelnen Zellen ihr Volumen mehr als verdoppeln (Abb. 27, I, III). Gleichzeitig finden zahlreiche Periklinalteilungen statt (Abb. 26, I, II, Abb. 27, VI), die zu einer weiteren Vergrößerung des Markkörpers

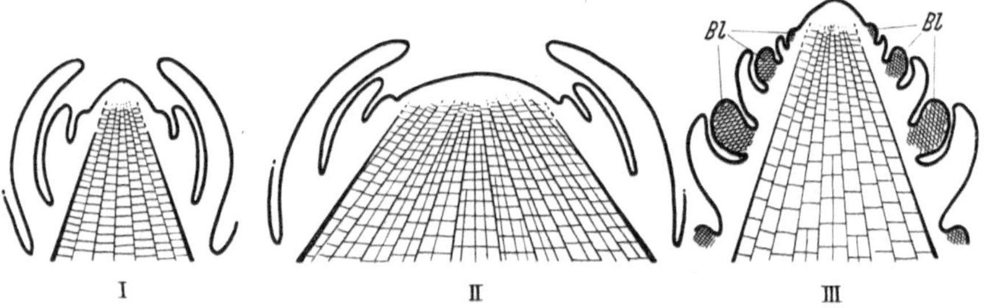

Abb. 26. Formwechsel eines VP schematisch. I Keimpflanze, II ältere Pflanze, III blühreife Pflanze mit Blütenanlagen (*Bl*). Mark zellulär gezeichnet.

führen, so daß die Achse bereits in der Scheitelregion nahezu ihre endgültige Dicke erhält. Das sDW setzt erst in größerem Abstand vom VP ein. Es trägt in der Hauptsache kambiales Gepräge. Daneben beteiligt sich, ähnlich wie bei *Helianthus*, das Mark an der sekundären Sproßverdickung. Da diese medulläre Sekundärverdickung in allen Teilen gleichmäßig erfolgt, wird durch sie die auf das EW zurückgehende verkehrt-kegelförmige Gestalt des Achsenkörpers nicht verwischt.

Keinen nennenswerten Anteil an der Sproßverdickung hat dagegen die primäre Rinde. Die Anzahl ihrer Zellschichten ist in fast allen Sproßabschnitten annähernd die gleiche. Wenn die Rinde in den unteren Stengelpartien dennoch etwas dicker erscheint, als weiter oben, so ist dies darin begründet, daß hier die Rindenzellen ein größeres Volumen haben (Abb. 27, VII – XI). Durch Dilatationswachstum folgen Rinde und Epidermis den sekundären Verdickungsvorgängen; nur im Bereich des Hypokotyls und der ersten epikotylen Internodien wird die Epidermis später durch Periderm ersetzt.

Eine Sonderstellung unter den Kohlsorten nimmt der Kohlrabi ein. Seine Wuchsform stellt eine ins Extrem gesteigerte Variante des Kohlverhaltens dar. Setzt das EW unvermittelt mit großer Intensität ein, so resultiert, da gleichzeitig Internodienstauchung eintritt, ein knolliger Achsenkörper, dessen äußere Form je nach

der Sorte wechselt. Teilweise ist die Knolle stark abgeflacht, d. h.
in die Breite entwickelt (Abb. 28, III); in anderen Fällen weist sie
Kugelform auf, und bei den sog. „langen Sorten" erinnert ihre

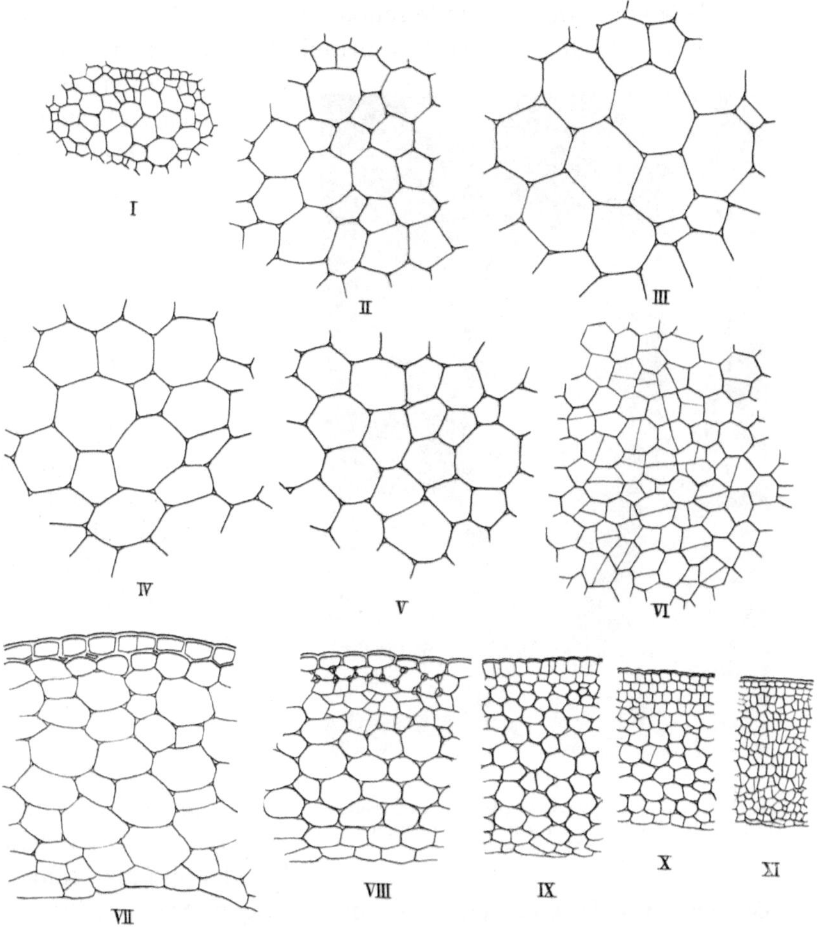

Abb. 27. Weißkraut (*Brassica oleracea* var. *capitata* f. *alba*). Ausschnitte aus dem zentralen
Mark (I—VI) und der primären Rinde (VII—XI) einer jungen Pflanze mit sechs entwik-
kelten Laubblättern. I Hypokotyl, II, VII erstes Internodium, III, VIII drittes Internodium, IV, IX viertes Internodium, V, X fünftes Internodium, VI, XI sechstes
Internodium.

Gestalt an die eines Kreisels (Abb. 28, I, II). Die letztere Aus-
bildungsform vermittelt den Anschluß an die übrigen Kohlarten.
Gelangt eine Pflanze ausnahmsweise schon im ersten Jahr zur
Blüte, so erfolgt zwar ebenfalls kräftiges EW, doch unterbleibt
die eigentliche Knollenbildung (Abb. 28, I).

Die Entwicklungsgeschichte einer Kohlrabiknolle geht aus Abb. 29 hervor. An der Keimpflanze in I, die fünf entwickelte Laubblätter besaß, ist von einem EW zunächst nichts zu erkennen. Das Hypokotyl, dessen Rinde schon aufzureißen beginnt, geht unter Wahrung des Durchmessers kontinuierlich in den aus verlängerten Internodien bestehenden epikotylen Achsenabschnitt über. Im Verlauf der weiteren Entwicklung setzt aber in den oberen Stammteilen ein sehr kräftiges pDW ein, in dessen Verlauf die Internodien kaum mehr an Länge, dafür aber um so kräftiger an Dicke zunehmen. Von diesem Dickenwachstum werden auch die Blattbasen beeinflußt; sie folgen ihm durch starke Verbreiterung des Blattgrundes (Abb. 29, II, III).

Schneidet man eine ausgewachsene Knolle längs durch, so kann man sich leicht davon überzeugen, daß es auch beim Kohlrabi die Ausweitung des Markkörpers ist, welche zur Knollenbildung führt. Im Bereich des Hypokotyls und der übrigen Sproßbasis ist das Mark nur wenige Millimeter dick (Abb. 30, I, II); ziemlich unvermittelt erweitert es sich dann kegelförmig und erreicht erst in der Scheitelregion seinen maximalen Betrag, so daß der VP einer nur wenig gewölbten Fläche aufsitzt, ja sogar in eine flache Scheitelgrube verlagert erscheint (Abb. 30, I, Abb. 31). So vor allem bei den „runden" Sorten.

Wie nicht anders zu erwarten, stellt auch beim Kohlrabi die Erstarkung des VP die Voraussetzung zu dem hier ins Extrem gesteigerten EW dar. Eine Stadienfolge des VP ist in Abb. 32 wiedergegeben. Der VP des Embryos ist ein wenigzelliger, steil

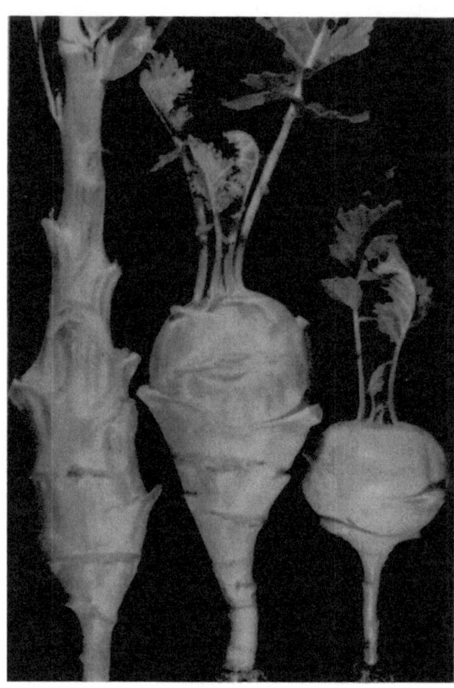

I   II   III

Abb. 28. Kohlrabi (*Brassica oleracea* var. *gongylodes*), alte Knollen, in I zur Blüte übergehend, II „lange", III „runde" Sorte.

aufragender Höcker. Bereits nach der Entfaltung der ersten Laubblätter beginnt er unter Abflachung sein Volumen zu vergrößern (I), womit die Bildung eines erweiterten Markkörpers eingeleitet wird, der weiterhin dadurch in die Dicke wächst (II—III), daß unter starker radialer Streckung der Markzellen in diesen zahlreiche Periklinalteilungen auftreten.

Wie aus der hohen Regenerationsfähigkeit der Kohlrabiknolle hervorgeht, verharren die Markzellen sehr lange in einem halbmeristematischen Zustand. Sie sind daher in der Lage, auch in größerer Entfernung vom VK sich noch lebhaft zu teilen, wodurch die Knolle dann eben ihre endgültige Dicke erreicht. Diese Zellvermehrung gehört aber bereits zu den sekundären Verdickungsvorgängen (medulläre Form des sDW). Früh geht in den absoluten Dauerzustand nur das den „Knollenstiel" erfüllende Markgewebe über, so daß in diesem

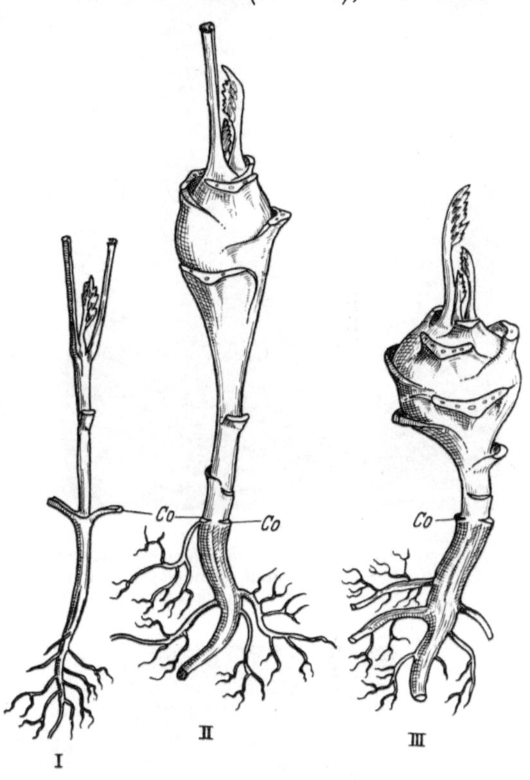

Abb. 29. Kohlrabi (*Brassica oleracea* var. *gongylodes*). Knollenentwicklung. I Keimpflanze, II, III junge Pflanzen einer „langen" (II) und „runden" (III) Sorte. *Co* Kotyledonen bzw. deren Narben. Blätter zum Teil abgeschnitten.

Bereich auch keine medulläre Sekundärverdickung stattfinden kann.

Beim Übergang von der vegetativen zur reproduktiven Phase, der sich am Ende der Knollenbildung vollzieht, nimmt der VP wieder die Form des Scheitels der Keimpflanze an, allerdings in wesentlich vergrößerten Ausmaßen. Er tritt jetzt wieder als ein stärker gewölbter, gegenüber dem vegetativen Stadium aber an Zellmasse verkleinerter Kegel in Erscheinung (Abb. 32, IV). Die Infloreszenz wird schon am Ende des ersten Jahres angelegt. Bei der Entfaltung des Blütenstandes am Beginn des zweiten Jahres verlängern sich die Internodien beträchtlich. Damit steht im Einklang, daß sich die Markzellen — im Gegensatz zur vegetativen

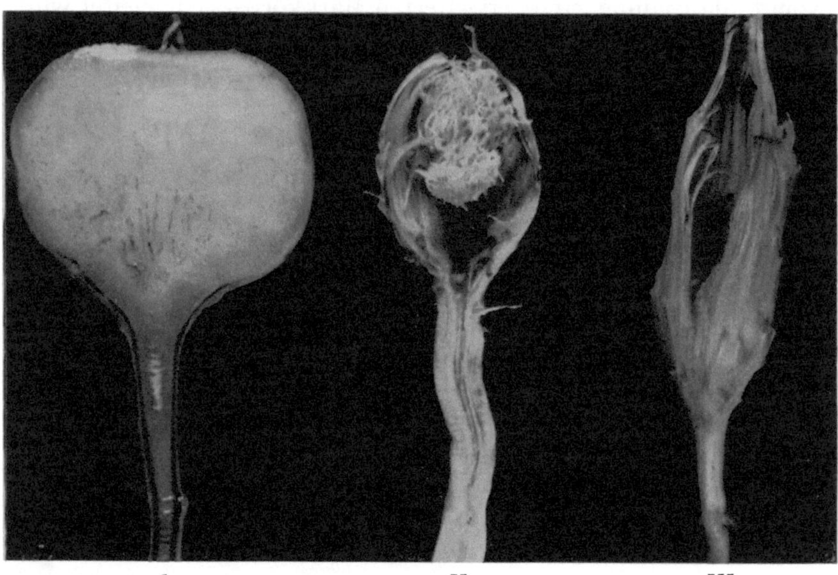

Abb. 30. Kohlrabi (*Brassica oleracea* var. *gongylodes*). I Längsschnitt durch eine alte Knolle. Das markständige Bündelsystem tritt durch Anfärbung deutlich hervor, II, III ausgefaultes Holzgerüst einer „runden" und „langen" Knolle.

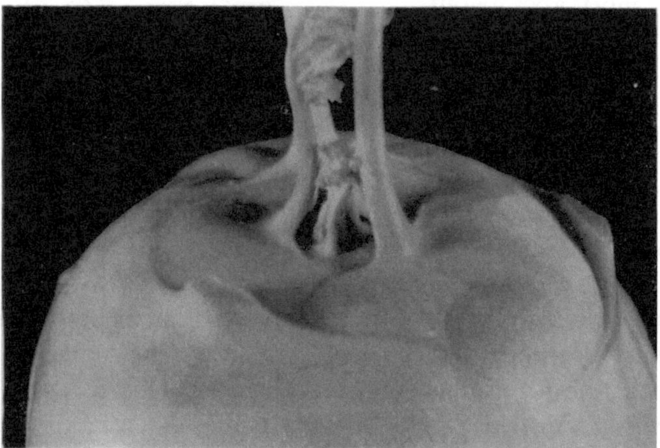

Abb. 31. Kohlrabi (*Brassica oleracea* var. *gongylodes*) alte Knolle mit Scheitelgrube.

Region — weniger in der Querrichtung als in der Längsrichtung strecken und die Periklinalteilungen weitgehend unterbleiben. Demgemäß verjüngt sich der Achsenkörper im Bereich der Infloreszenz,

Abb. 32. Kohlrabi (*Brassica oleracea* var. *gongylodes*). Längsschnitte durch den VK ver-schieden alter Pflanzen. I Keimpflanze mit zwei entwickelten Laubblättern, II junge Pflanze mit beginnender Knollenbildung, III ältere Knolle, IV zur Blüte übergehende Knolle mit Blütenanlagen (*Bl*).

worin der Kohlrabi mit den übrigen Kohlsorten übereinstimmt (Abb. 28, I, Abb. 26, III, Abb. 33).

Das kambiale sDW und mit ihm die Holzbildung sind beim Kohlrabi auf das Hypokotyl und auf den „Knollenstiel" beschränkt.

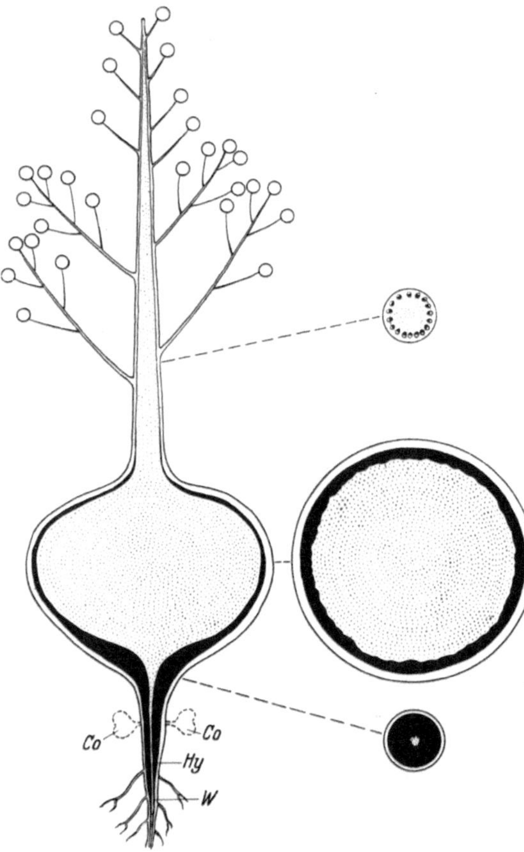

Abb. 33. Kohlrabi (*Brassica oleracea* var. *gongylodes*). Sproßaufbau einer blühenden Pflanze, schematisch mit den entsprechenden Querschnitten. Mark: punktiert, Holz: schwarz. *Co* Kotyledonen, *Hy* Hypokotyl, *W* Primärwurzel.

Nur an sehr alten Pflanzen greift die Holzbildung auch auf die Knollenbasis über (Abb. 33). Klar treten Form und Mächtigkeit des Holzkörpers in Erscheinung, wenn man das parenchymatische Gewebe des Marks und der Rinde wegfaulen läßt (Abb. 30, II, III); neben dem Hauptbündelsystem tritt dann noch ein zweites Leitsystem zutage, das als kompliziertes Netzwerk leptozentrischer Bündel das Markgewebe der Knolle durchzieht (Abb. 30, I, II). Die Entstehung dieses medullären Bündelsystems ist von ORSOS (1941) eingehend studiert worden. Seine Elemente enden oben und unten zunächst blind im Mark der Knolle.

Erst später treten sie mit dem System der auf dem Querschnitt ringförmig angeordneten Hauptbündel in Verbindung. Bei der Mazeration des Knollenparenchyms faulen diese Querverbindungen mit heraus, wodurch das medulläre Bündelsystem isoliert wird. Das „Holzigwerden" der Kohlrabiknolle beruht, von der Knollenbasis abgesehen, weniger auf vermehrter Holzproduktion des Kambiumringes, als darauf, daß die medullären Bündel Sklerenchymscheiden ausbilden.

Auch beim Kohlrabi hat die primäre Rinde keinen nennenswerten Anteil an der Sproßverdickung. Nur im Bereich der Knolle findet im Zuge unregelmäßig auftretender Periklinalteilungen eine leichte Vermehrung der Rindenschichten statt. So ließ die Rinde einer älteren Pflanze im ersten Internodium 10, im fünften Internodium (Knollenregion) 15 Zellreihen erkennen. Durch starkes Dilatationswachstum hält die Rinde Schritt mit der auf Markerweiterung beruhenden Verdickung der Sproßachse. Korkbildung erfolgt lediglich im Bereich der verholzenden Sproßschnitte. In der Region des Hypokotyls geht das Phellogen aus der Endodermis, in der epikotylen Region aus der subepidermalen Zellschicht der Rinde hervor.

Lactuca sativa (Abb. 34).

Unvollständig maskiertes EW lassen auch die Sproßachsen des Kopfsalates *(Lactuca sativa* var. *capitata)* erkennen, wie aus dem Längsschnitt durch die Achse einer älteren Pflanze (Abb. 34, IV) hervorgeht. Nur tritt das EW nach außen hin noch weniger als bei den Kohlarten in Erscheinung, da der zunächst kurze Achsenkörper nach dem Muster der kopfbildenden Kohlarten dicht mit Blättern besetzt ist.

Wie die Entwicklungsgeschichte lehrt, folgen auf die Kotyledonen einige verlängerte Internodien, in deren Bereich die Sproßachse schwach ist und auch nach Abschluß des sDW keinen größeren Durchmesser aufweist (Abb. 34, I). Sehr bald aber setzt Internodienstauchung ein und gleichzeitig erfolgt auch eine auf Markerweiterung beruhende kräftige Verdickung des Achsenkörpers (Abb. 34, II—IV). Beginnt nun der Salat zu „schießen", was gleichbedeutend ist damit, daß die Pflanze unter Internodienverlängerung zur Infloreszenzbildung schreitet, so nimmt die Achse sehr schnell an Umfang ab. Es liegen also im wesentlichen die gleichen Verhältnisse wie beispielsweise beim Rotkohl vor, was auch hinsichtlich der histogenetischen Vorgänge gilt. Es findet demnach 1. eine kräftige Erstarkung des VP und im Gefolg davon ein nicht minder kräftiges EW statt, das auf gesteigerter medullärer Primärverdickung beruht (Abb. 34, I—III), und 2. kambiale Sekundärverdickung, die aber auf die Sproßbasis beschränkt bleibt. Das sDW des Markes erstreckt sich über den gesamten Achsenkörper und beeinflußt demzufolge dessen Dickenperiode nicht.

Plantago media (Abb. 35 und 36).

Ein sehr interessantes Beispiel für unvollständig maskiertes EW ist *Plantago media*, eine Ganzrosettenpflanze, der man das EW

Abb. 34. *Lactuca sativa* var. *capitata*. I—III Längsschnitte durch den VK verschieden alter Pflanzen, IV Längsschnitt durch den „Kopf" einer alten Pflanze. Mark: punktiert. *Co* Kotyledonarregion.

nicht ohne weiteres ansieht. Erst nach Entfernung der Blätter und der zahlreichen sproßbürtigen Wurzeln stellt man eine spitzenwärts zunehmende Verdickung der Sproßachse fest. Übersichtlichere Bilder aber bieten Längsschnitte, auf denen — und zwar wiederum in der Ausbildung des Markkörpers — das EW sehr deutlich zum Ausdruck kommt (Abb. 35, I, II).

Abweichend von den bisher besprochenen Beispielen verhält sich der VP, worauf in diesem Teil der Arbeit nur kurz eingegangen werden soll. In Abb. 36, I ist die Scheitelregion der in Abb. 35, I abgebildeten Keimpflanze vergrößert wiedergegeben. Entgegen der

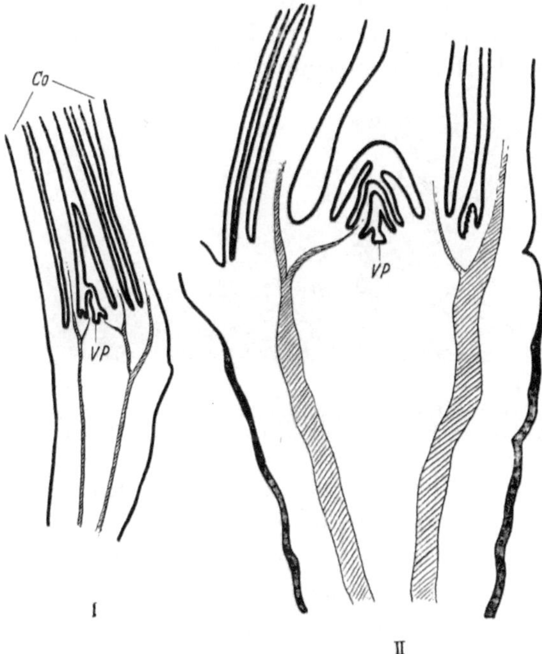

Abb. 35. *Plantago media*. Längsschnitte durch die Achse einer jungen (I) und alten Pflanze (II). VP Vegetationspunkt, *Co* Kotyledonen. Sekundärer, kambialer Zuwachs schraffiert.

Regel stellt der VP nicht einen kuppenförmig aufgewölbten Höcker, sondern ein grubenförmig eingesenktes, wenigzelliges Meristem dar. Hierin herrscht Ähnlichkeit mit der Keimpflanze von *Helianthus annuus*. Während sich bei *Helianthus* der VP aber im Gefolge seiner Erstarkung kegelförmig zu erheben beginnt, behält er bei *Plantago* zeitlebens die besagte Konkavform bei, ja es erfolgt sogar noch eine Vertiefung des Scheitelmeristems, wobei jeweils diejenige Seite, auf der gerade kein Blatt abgegliedert wird, stärker als die gegenüberliegende eingetieft ist (Abb. 36, II). Bei der Ausgliederung der Blattprimordien wird nämlich stets ein Teil des Meristems aufgebraucht, das dann zwischen den einzelnen Plastochronen wieder eine Restauration erfährt.

Die vom Scheitelmeristem abgegebenen Markzellen strecken sich bereits in der Höhe des VP stark in radialer Richtung, was unter gleichzeitiger lebhafter Periklinalteilung geschieht. Da nun keine Internodienstreckung eintritt, ziehen — darin herrscht Übereinstimmung mit Monokotylen vom Muster der Palmen — die Markzellen in bogenförmig-antiklinaler Anordnung zu den Blatt basen hin. Die Folge davon ist die Ausbildung einer Scheitelgrube, die in ihrer Tiefe ganz an die von HELM und ECKARDT für Palmen beschriebenen Verhältnisse erinnert (Abb. 36, III). Ihre Histogenese

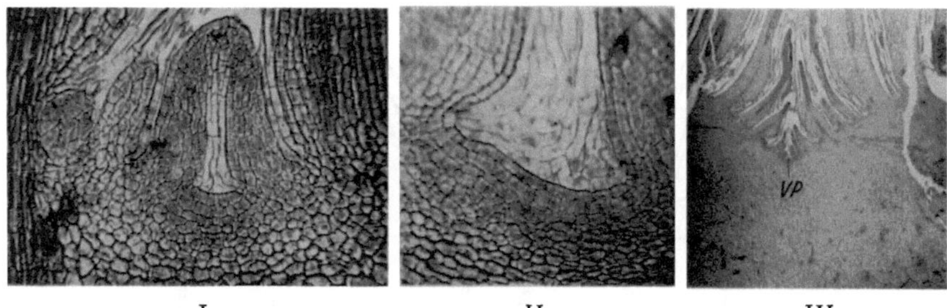

I   II   III

Abb. 36. *Plantago media.* I, II Vegetationspunkt der in Abb. 35 wiedergegebenen Pflanzen, vergrößert, III Scheitelgrube einer alten Pflanze mit Vegetationspunkt VP.

weicht indes von der der Palmen ab. Bei diesen nämlich entstehen die bogenförmig-antiklinal nach den Blattbasen sich erstreckenden Zellzüge durch die auswärts gerichtete Tätigkeit des primären Meristemmantels, bei *Plantago* aber erfolgt eine Erweiterung des Markkörpers, die auf eine fortschreitende Erstarkung des VP (Abb. 36, II) und unregelmäßig vonstatten gehende Periklinalteilungen der Markzellen zurückzuführen ist. Den größten Durchmesser hat die Sproßachse von *Plantago* deshalb auch nicht auf der Höhe des VP, sondern oberhalb desselben. Eine von Internodienverlängerung begleitete Verjüngung des Achsenkörpers, wie sie sich sonst zumeist über dem Erstarkungsmaximum einstellt, unterbleibt, da die Hauptachse unbegrenzt wächst, die Infloreszenzen also seitlich stehen. Bemerkt sei noch, daß in den rückwärtigen Teilen medulläre Bündel zur Ausbildung gelangen (Abb. 36, III).

c) Erstarkungswachstum mit fehlender Maskierung.

Unterbleibt die kambiale Sekundärverdickung auch in den basalen Sproßteilen, so erhalten wir jene Fälle der Achsenerstarkung, die wir als EW mit fehlender Maskierung bezeichnet haben. Die Verdickung der Sproßachse beruht dann ausschließlich auf primären Prozessen, was eine Annäherung an das Verhalten bedeutet, das bei den Monokotylen die Regel darstellt. Als Beispiele sind uns bisher die Sumpf- und Wasserpflanzen *Oenanthe aquatica*, *Sium latifolium* und *Trapa natans*, ferner zahlreiche Kakteen bekannt geworden. Während die genannten Sumpf- und Wasserpflanzen sich den bisher geschilderten Formen des Dickenwachstums zwanglos einfügen, stehen die Kakteen isoliert, dies insofern, als bei ihnen das pDW nicht im Mark, sondern in der primären Rinde stattfindet. Sie werden deshalb zusammen mit anderen Beispielen dieser Art auf S. 63 ff. behandelt.

Sium latifolium und *Oenanthe aquatica* (Abb. 37—47).

Sium latifolium wurde schon auf S. 18 beispielshalber herangezogen. Hier muß zunächst nachgetragen werden, daß es sich um eine Pflanze der seichten, langsam fließenden Gewässer handelt. Sie wächst darin in der schlammigen Uferzone, wo sie zuweilen bis zu Wassertiefen von 70 cm vordringt. Obwohl alljährlich reichlich Samen erzeugt werden, sind Keimpflanzen nur selten anzutreffen. Um so ausgiebiger vermehrt sich die Pflanze vegetativ, unter anderem durch Wurzelknospen (RAUH 1939, Abb. 37, *Wk*). Außerdem werden an den nach der Blüte absterbenden Trieben Erneuerungsknospen (Abb. 37, III, Abb. 38 *ek*) gebildet, die sich bewurzeln, von der Mutterpflanze loslösen und zu neuen Individuen heranwachsen.

Uns interessieren im Rahmen dieser Darstellung in erster Linie aber Keimpflanzen, obwohl die vegetativ entstandenen Jungpflanzen ein im Grundsätzlichen ähnliches Verhalten zeigen. An dem in Abb. 37, I wiedergegebenen Exemplar sind die Keimblätter sowie die ungegliederten Primärblätter bereits abgestorben. Die Primärwurzel (*W*) ist zwar noch deutlich zu erkennen, sie wird aber schon auf diesem frühen Stadium der Gesamtentwicklung von längeren und dickeren Wurzeln sproßbürtigen Ursprungs überflügelt, die an den Knoten der gestauchten Primärachse entstehen (*sw*). Bald stellt die Primärwurzel ihr Längenwachstum ein, um mitsamt der Sproßbasis abzusterben (Abb. 37, II *ab*). Eine ältere, sich gerade zur Blütenbildung anschickende Pflanze (vom Beginn des zweiten Jahres ihres Wachstums) zeigt Abb. 37, II. Es fällt daran die von der Basis bis zum Bodenniveau (*E—E*) zunehmende Verdickung des Achsenkörpers auf. Darin, sowie in der sproßbürtigen Radikation, stimmen die aus Keimpflanzen hervorgegangenen

Exemplare mit solchen überein, die sich aus Erneuerungsknospen entwickeln (Abb. 37, III). Die im ersten Jahr erzeugten sproßbürtigen Wurzeln bilden sich übrigens nachträglich zu Speicher-

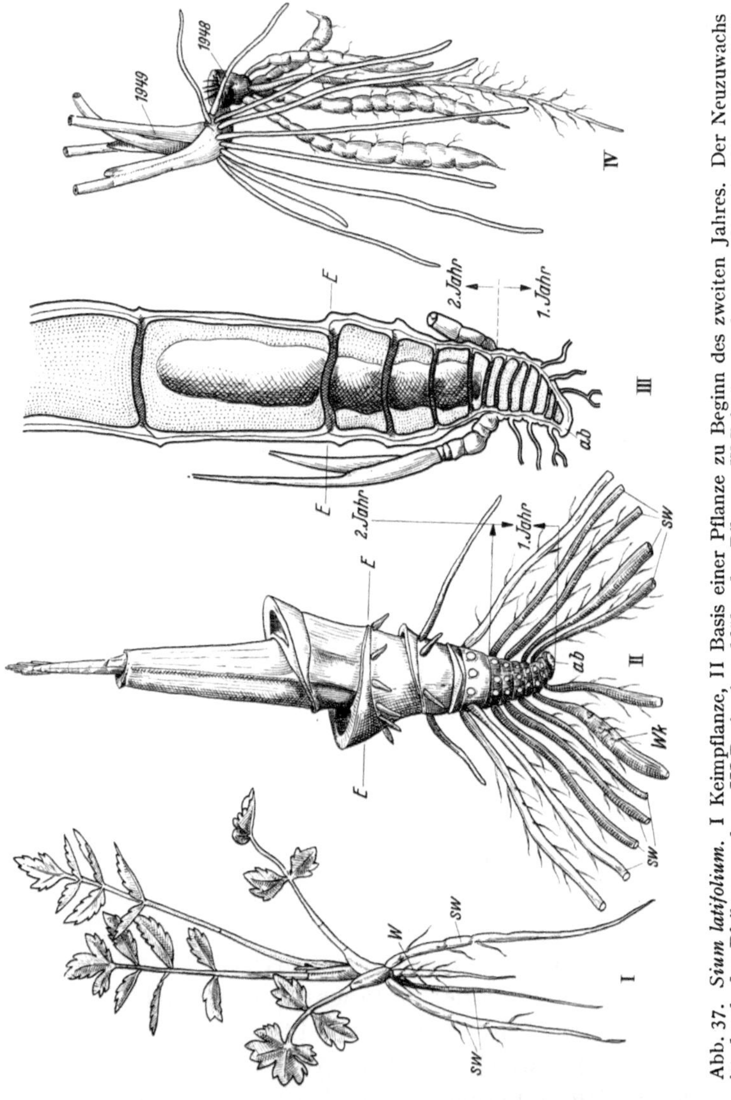

Abb. 37. *Sium latifolium.* I Keimpflanze, II Basis einer Pflanze zu Beginn des zweiten Jahres. Der Neuzuwachs ist durch den Pfeil angegeben, III Basis einer blühenden Pflanze. *W* Primärwurzel, *sw* sproßbürtige Wurzeln, *ab* abgestorbene Primärwurzel und Sproßbasis, *Wk* Wurzelknospen, *E—E* Erdgrenze, IV Sproßstück mit Speicherwurzeln.

wurzeln um, die als solche bis ins zweite Jahr erhalten bleiben und bevorzugt der Produktion von Wurzelknospen dienen (Abb. 37, IV).

Der Achsendurchmesser erreicht kurz oberhalb des Bodenniveaus sein Maximum. Von da ab nimmt er aufwärts rasch ab, so daß die Sproßachse sich in Gestalt eines Doppelkegels darbietet (Abb. 38).

Zur Erstarkung des Achsenkörpers steht die Längenperiode seiner Internodien in Beziehung, derart, daß das Maximum der Internodienlänge kurz oberhalb des Maximums der Internodiendicke erlangt wird (Abb. 39).

Von *Sium latifolium* unterscheidet sich *Sium erectum* durch die Bildung von Ausläufern, worauf auch das bestandsbildende Auftreten dieser Art zurückzuführen ist. Die Ausläufer sind in ihrem verlängerten plagiotropen Abschnitt wie sonst vielfach mit Niederblättern besetzt. Das erstarkende Ausläuferende richtet sich auf und

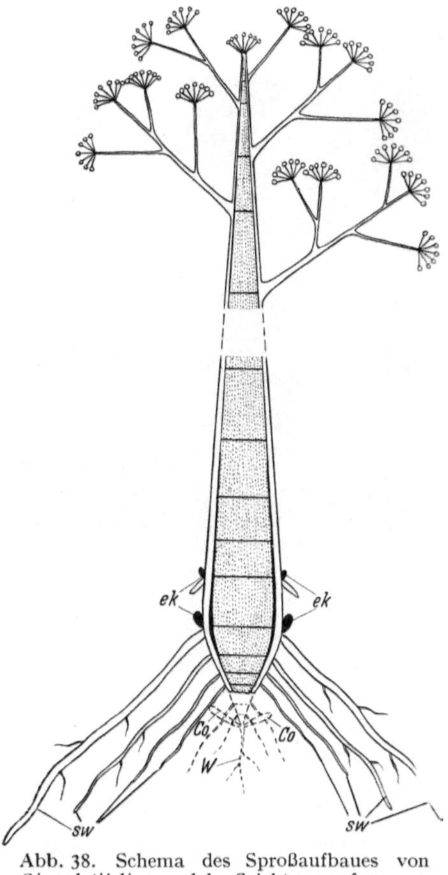

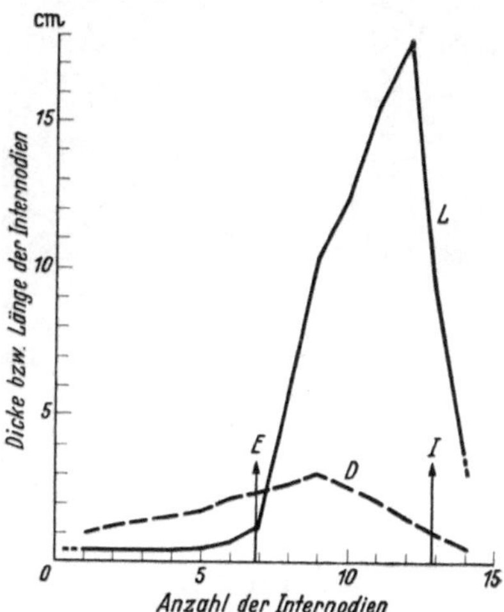

Abb. 38. Schema des Sproßaufbaues von *Sium latifolium* und der Seichtwasserform von *Oenanthe aquatica*. *Co* Keimblätter, *W* Primärwurzel (bereits abgestorben; gestrichelt), *sw* sproßbürtige Wurzeln, *ek* Erneuerungsknospen, Mark: punktiert.

Abb. 39. *Sium latifolium*. Dicken- (*D*) und Längenkurve (*L*) der Internodien. *E* Erdgrenze, *J* beginnende Infloreszenzregion.

geht unter gleichzeitiger Internodienverlängerung zur Blüte über. Im Verlauf des EW steigt der Durchmesser auf den 2—3fachen Betrag an. Es herrscht also Übereinstimmung mit dem Verhalten, das die Ausläufer im allgemeinen zeigen (vgl. TROLL 1937, S. 674 ff. und S. 68 ff. dieser Abhandlung!).

Der Wuchs von *Oenanthe aquatica* ist je nach Standortsverhältnissen verschieden (RAUH). Es existiert eine Seichtwasser- und eine Tiefwasserform. Keimt und wächst die Pflanze in der Schlammzone,

die nur in den Winter- und Frühjahrsmonaten von Wasser über-
flutet ist, während der übrigen Zeit aber trocken liegt, so stimmt ihre
Wuchsform mit der von *Sium latifolium* überein. Vor allem weist
die Primärachse von vornherein eine orthotrope Orientierung auf.
Die Erstarkungszone bleibt kurz, da die basalen Internodien nur
eine Länge von wenigen Millimetern erreichen (Abb. 40, I, Abb. 41).

Abb. 40. *Oenanthe aquatica.* Sproßbasis älterer Pflanzen, längs durchschnitten I der
Seichtwasser-, II der Tiefwasserform, *ab* absterbender plagiotroper Abschnitt.

Das Maximum des EW wird daher schon wenige Zentimeter über
dem Boden erreicht. Am Beginn der zweiten Vegetationsperiode
behält die Sproßachse zunächst auf einer Strecke von 2—3 Internodien die gleiche Dicke bei (Abb. 40, I, Abb. 41), um sich sodann
mit der Ausbildung der Infloreszenz rasch zu verjüngen (Abb. 41).
Das Ausmaß des EW kann sehr beträchtlich sein. Bei kräftigen
Exemplaren vermag die Sproßachse im maximal erstarkten Bereich
eine Dicke von 10 cm aufzuweisen.

Bei der Tiefwasserform wächst der Primärsproß anfangs
plagiotrop, wobei er dünne und verlängerte Internodien entwickelt.
Die Bildung sproßbürtiger Wurzeln ist auf die dem Substrat auf-
liegende Unterseite beschränkt (Abb. 42, I). Weiterhin erhebt sich

die Sproßspitze und erreicht schließlich unter geringfügiger Erstarkung den Wasserspiegel (Abb. 42, II). Erst jetzt erfolgt unter Rosettenbildung eine kräftige Verdickung des Achsenkörpers. Wir (RAUH) konnten Exemplare sammeln, deren Primärsprosse Längen bis zu 60 cm aufweisen. Wenn dann im Spätsommer und Herbst das Gewässer austrocknet, sinken die Sprosse, die sich bei ihrer geringen Kräftigkeit nicht aufrecht zu erhalten vermögen, zu Boden und wurzeln im schlammigen Substrat ein. Gleichzeitig beginnt sich ihre Spitze wieder aufzurichten. Aber erst bei der Fortentwicklung im nächsten Frühjahr erfolgt ein dem der Seichtwasserform gleichendes EW (Abb. 40, II, Abb. 42, III, Abb. 43, Abb. 44). Nachdem die Hauptwurzel samt der Basis des Primärsprosses schon im ersten Jahr abgestorben ist (Abb. 42, II *ab*), geht im zweiten Jahr auch der plagiotrope Sproßabschnitt zugrunde (Abb. 42, III *ab*). Nur die Erstarkungszone bleibt erhalten. Aus ihr gehen auch in großer Zahl sproßbürtige Wurzeln hervor, die auf der Unterseite kräftiger sind als auf der Oberseite (Abb. 40, II). Schematisiert ist die Wuchsform der Tiefwasserpflanzen in Abb. 44 vorgeführt.

Die anatomisch-histogenetischen Verhältnisse sollen, da große Ähnlichkeit besteht, für *Sium latifolium* und *Oenanthe aquatica* gemeinsam behandelt werden. Längs- und Querschnitten durch die Sproßachse dieser Pflanzen ist zu entnehmen, daß das EW bei ihnen ausschließlich auf

Abb. 41. *Oenanthe aquatica.* Blühende Pflanze (Seichtwasserform). Wurzeln und Seitensprosse sind entfernt. Die Länge des Maßstabes beträgt 1 m, phot. W. TROLL.

der Erweiterung des embryonalen Markkörpers beruht. Sekundäre Verdickungsvorgänge unterbleiben gänzlich. Es wird nicht einmal ein Kambiumring angelegt, es bleibt die Kambienbildung also auf die Bündel beschränkt (Abb. 37, III, Abb. 40, I, II, Abb. 43).

Die dem pDW zugrundeliegenden histogenetischen Vorgänge
können für *Oenanthe aquatica* — *Sium latifolium* stimmt damit
überein — aus den in Abb. 45, I—IV wiedergegebenen Längsschnitten durch die Scheitelregion von Pflanzen verschiedenen

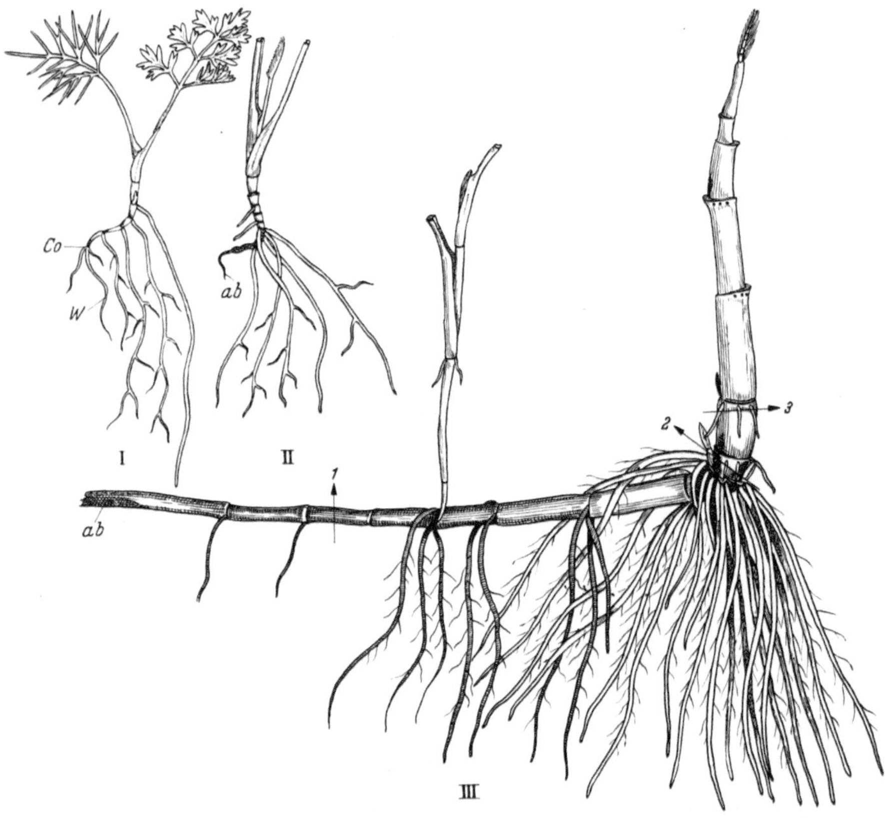

Abb. 42. *Oenanthe aquatica.* Tiefwasserform: I, II Keimpflanzen, *Co* Narben der abgefal-
lenen Kotyledonen, *W* Primärwurzel, die in II bereits abgestorben ist (*ab*), III Stück einer
alten Pflanze zu Beginn des zweiten Jahres. Der ausläuferartige Abschnitt beginnt von
hinten her abzusterben (*ab*). Der Neuzuwachs des zweiten Jahres ist heller gezeichnet.

Alters entnommen werden. Die Erstarkung des VP im Verlauf
der Entwicklung führt in der Region des VK zu einer fortschreitenden Ausweitung des embryonalen Markkörpers, der
sich durch periklinale Zellteilungen zusätzlich vergrößert. Besonders lebhaft sind diese Teilungen in den Bereichen, die später
die Knoten liefern. Insgesamt erreicht die Sproßachse schon
auf der Höhe des dritten und vierten Knotens fast ihre endgültige
Dicke (Abb. 45, III). Antiklinale Teilungen treten überwiegend in

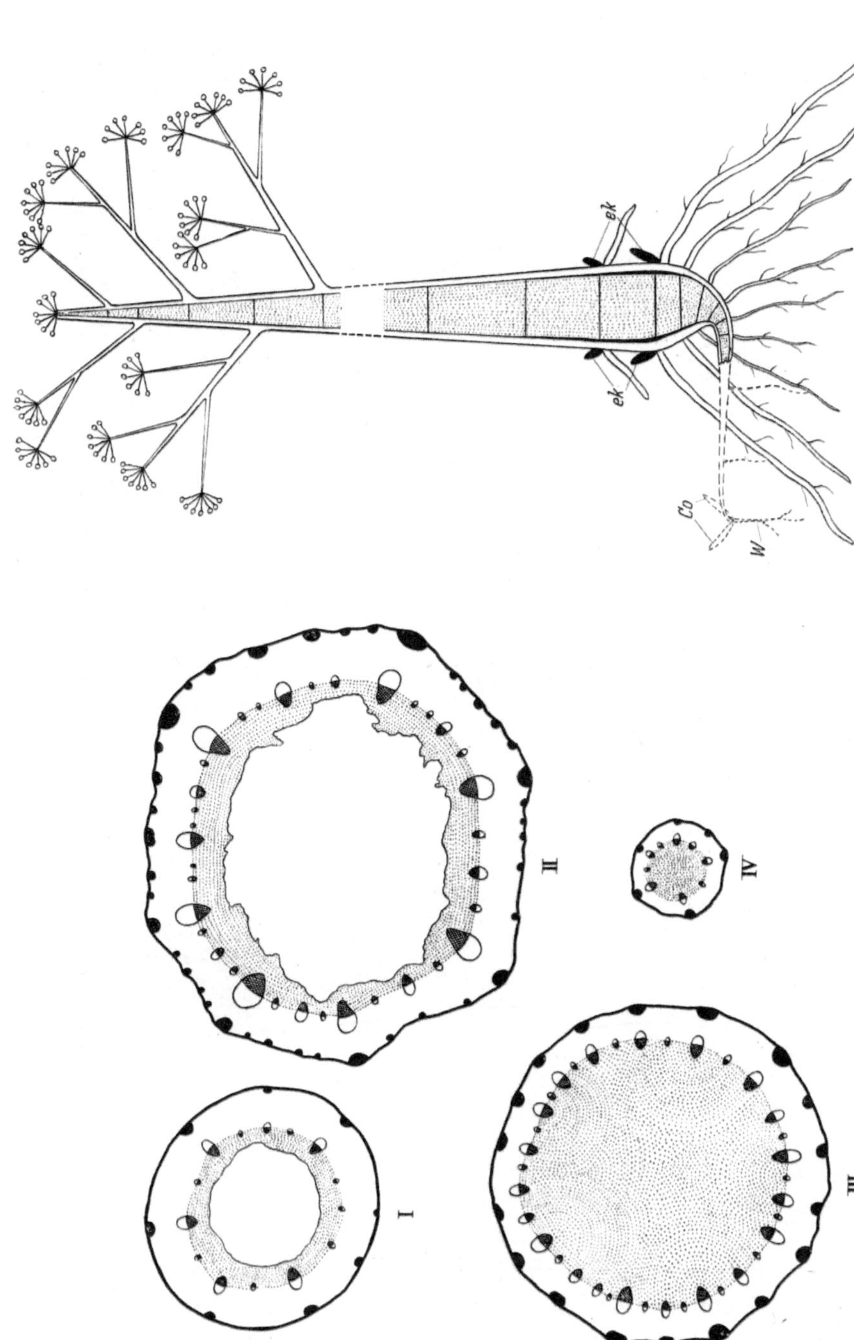

Abb. 44. *Oenanthe aquatica.* Sproßaufbau der Tiefwasserform, schematisch. *Co* Kotyledonen, *W* Primärwurzel. Die abgestorbenen Teile der Sproßachse gestrichelt. *ek* Erneuerungsknospen.

Abb. 43. *Oenanthe aquatica.* I—III Querschnitte durch die mit 1 bis 3 bezeichneten Regionen des in Abb. 42, III dargestellten Sprosses, IV Querschnitt durch einen jungen Sproß. Stützgewebe: schwarz, Mark: punktiert.

den embryonalen Internodien auf, die sich auf diese Weise verlängern. Auffallend ist die uhrglasförmige Krümmung der septen-

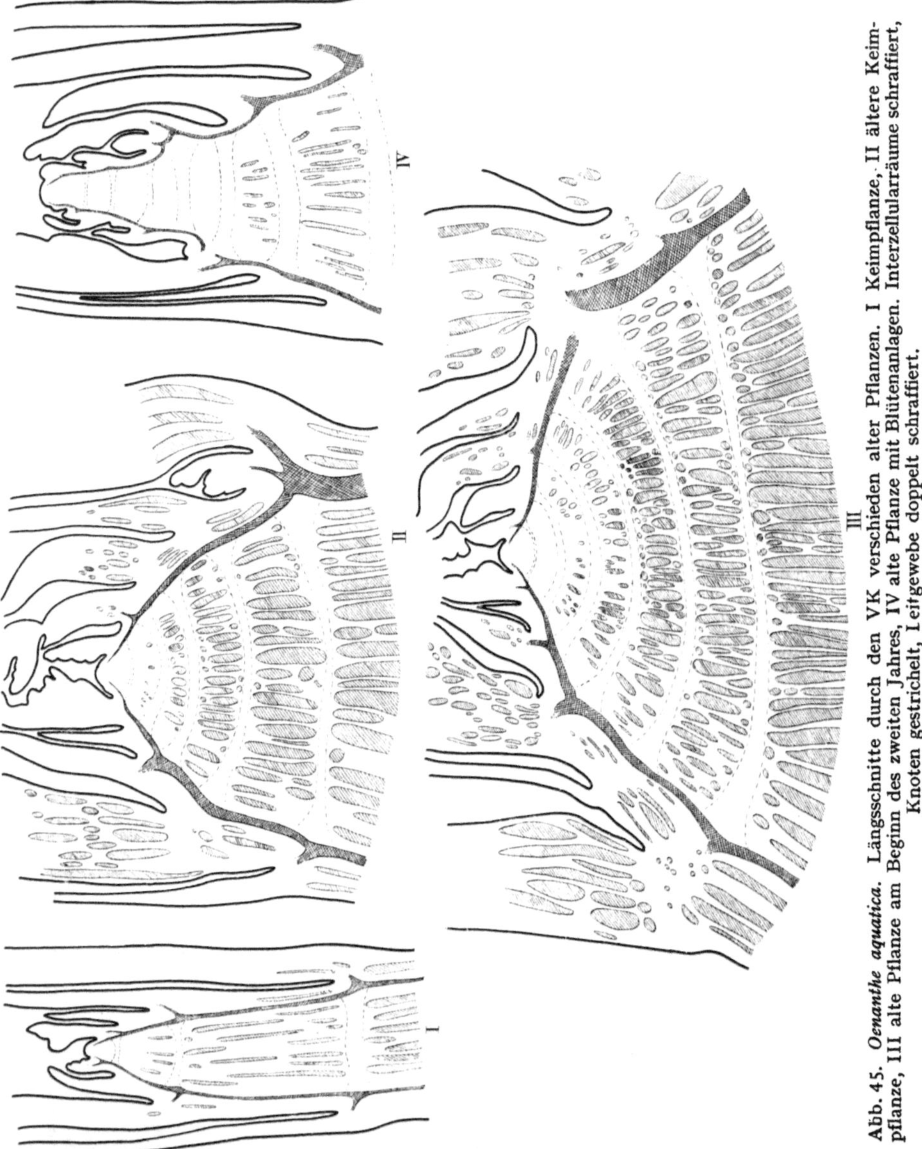

Abb. 45. *Oenanthe aquatica.* Längsschnitte durch den VK verschieden alter Pflanzen. I Keimpflanze, II ältere Keimpflanze, III alte Pflanze am Beginn des zweiten Jahres, IV alte Pflanze mit Blütenanlagen. Interzellularräume schraffiert, Knoten gestrichelt, Leitgewebe doppelt schraffiert.

artig hervortretenden Knotenbezirke, deren Konkavität nach dem Scheitel gerichtet ist. Die Erscheinung dürfte daher rühren, daß in der dem Scheitel benachbarten Region das Dickenwachstum des

Markes dem Dilatationswachstum der Rinde vorübergehend vorauseilt. Nachher kommt es wiederum zu einem Ausgleich.

Schon während des embryonalen Längenwachstums der Internodien setzt die Bildung von Interzellularen ein, die sich mit

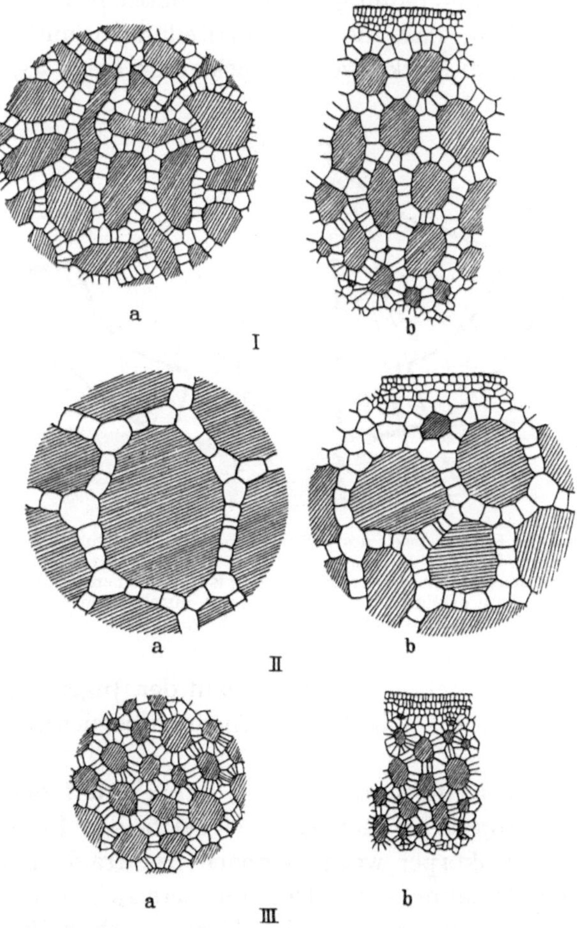

Abb. 46. *Oenanthe aquatica.* Ausschnitt aus zentralem Mark (a) und primärer Rinde (b) der Sproßbasis (I), der erstarkten Region (II) und der Verjüngungszone (III).

zunehmender Entfernung vom VP zu großen Lakunen erweitern. Diese Interzellularenbildung ist maßgebend am pDW beteiligt (Abb. 45, III, Abb. 46, I—IIIa), dessen Verlauf überhaupt erheblich von den Verhältnissen abweicht, die wir bei *Brassica* kennengelernt haben. Zwar erweitern sich die Zellen des Scheitelgewebes auch hier in radialer Richtung. Doch treten diese Prozesse an Bedeutung

stark hinter die durch Periklinalteilungen bewirkte Dickenzunahme
zurück.

Am Übergang zur reproduktiven Phase der Entwicklung tritt
eine Verjüngung des VP ein, der dabei eine verlängerte Form annimmt. Hand in Hand damit gehen histogenetische Veränderungen,
die darin bestehen, daß die Periklinalteilungen und die Interzellularenbildung im Markgewebe zurücktreten (Abb. 45, IV). Den

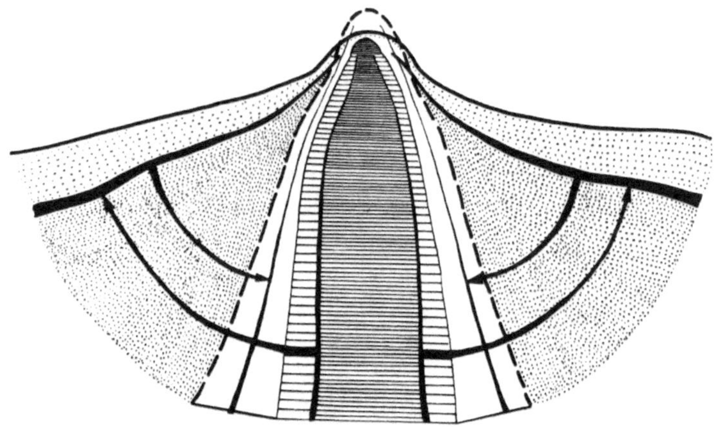

Abb. 47. Schema des Formwechsels des VP und der Verdickungsvorgänge von *Sium* und
Oenanthe. Schraffiert: Keimpflanze, punktiert: ältere Pflanze, weiß: zur Blüte übergehende
Pflanze. Der durch das primäre DW erreichte Betrag ist durch einen →, die beim Übergang
zur reproduktiven Phase erfolgende Sproßverjüngung durch einen ← Pfeil angedeutet.
Kambium schwarz. Mark jeweils dichter schraffiert bzw. punktiert als die primäre Rinde.

gesamten Formwechsel des VP im Verlauf der Jugend- und Folge-
entwicklung versucht Abb. 47 im Schema übersichtlich zur An-
schauung zu bringen.

Abschließend sei nochmals betont, daß ein auf der Tätigkeit
eines Kambiumringes beruhendes sDW bei beiden Pflanzen völlig
fehlt. Der Achsenkörper weist demnach nachträglich jene periodische Zu- und Abnahme seines Durchmessers auf, die aus dem EW
resultiert. Zwar erweitert sich das Mark durch Zellteilung und
Interzellularenbildung auch noch in den scheitelfernen Teilen der
Achse. An deren äußeren Form wird dadurch aber nichts geändert,
weil sich die besagten Prozesse gleichmäßig über den gesamten
Sproß erstrecken. Seine Festigkeit erhält der Achsenkörper durch
die Ausbildung zahlreicher Sklerenchymbündel in den äußeren
Rindenschichten (Abb. 43).

Die Internodien der oberirdischen Sproßteile von *Sium* und
Oenanthe sind hohl, da das Mark in ihnen bis auf die der Rinde

benachbarten Bezirke schwindet (Abb. 43, I, II). Anders in den unterirdischen Stengelpartien, die zusammen mit den Erneuerungsknospen von einer Vegetationsperiode zur anderen persistieren und auch Speicherfunktion ausüben müssen. Diese wird vom Markgewebe bewältigt, das hier dann auch, nachdem es reichlich Stärke gebildet hat, erhalten bleibt.

Weitere Umbelliferen.

Das EW ist bei den Umbelliferen keineswegs eine Eigentümlichkeit der wasserbewohnenden Formen, sondern wird, freilich in wechselnder Stärke, allgemein auch bei den terrestrischen Vertretern der Familie angetroffen, unter anderen bei den zweijährigen. Wenn es hier äußerlich nur wenig in Erscheinung tritt, so deshalb, weil es sich auf den Rosettenbereich beschränkt und dort teilweise von sekundären Verdickungsprozessen überlagert wird. Es sei dieserhalb auf Abb. 566 bei TROLL (1937, S. 716) verwiesen, in der ein Längsschnitt durch den Achsenkörper von *Anthriscus silvestris* dargestellt ist. Man ersieht daraus, daß das Mark in dem gestauchten Basalteil aufwärts sich nicht unbeträchtlich erweitert. Gleiches gilt für *Carum Carvi* und *Archangelica officinalis,* bei denen die Erstarkung des Markkörpers ebenfalls durch nachträgliches Dickenwachstum maskiert wird (Abb. 48, I u. II).

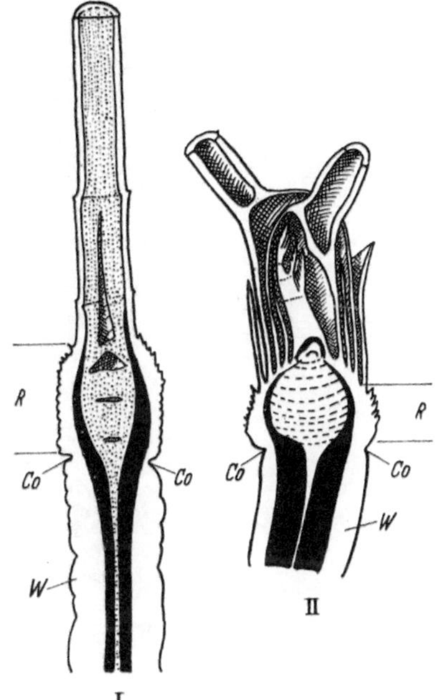

Abb. 48. I *Carum Carvi*, Längsschnitt durch die Basis einer blühenden Pflanze, II *Archangelica officinalis*, Längsschnitt durch die Rosette. *Co* Ansatzstelle der Kotyledonen, *W* Primärwurzel, *R* Rosettenregion. Holz: schwarz.

Trapa natans (Abb. 49 und 50).

Ein der Tiefwasserform von *Oenanthe aquatica* vergleichbares Verhalten zeigt auch die Wassernuß *(Trapa natans)*. Die Pflanze ist bekanntlich einjährig. Aus den im Herbst auf den Boden des Gewässers gesunkenen Nüssen keimen im nächsten Frühjahr neue Pflanzen aus, deren Primärsproß sich unter starker Internodienverlängerung dem Wasserspiegel zuwendet. Die Achse bleibt dabei fädig dünn, nur selten erreicht sie einen Durchmesser von 5 mm.

Sobald die Sproßspitze am Wasserspiegel angelangt ist, findet Abb. 49, I zufolge unter Rosettenbildung eine kräftige Erstarkung statt, worauf bereits TROLL (1942/43, S. 2246ff.) hingewiesen hat.

Was die Pflanze gegenüber *Oenanthe aquatica* auszeichnet, ist der Umstand, daß die Blüten einzeln aus den Achseln der Rosettenblätter entspringen. Es fehlt somit die terminale Infloreszenz und

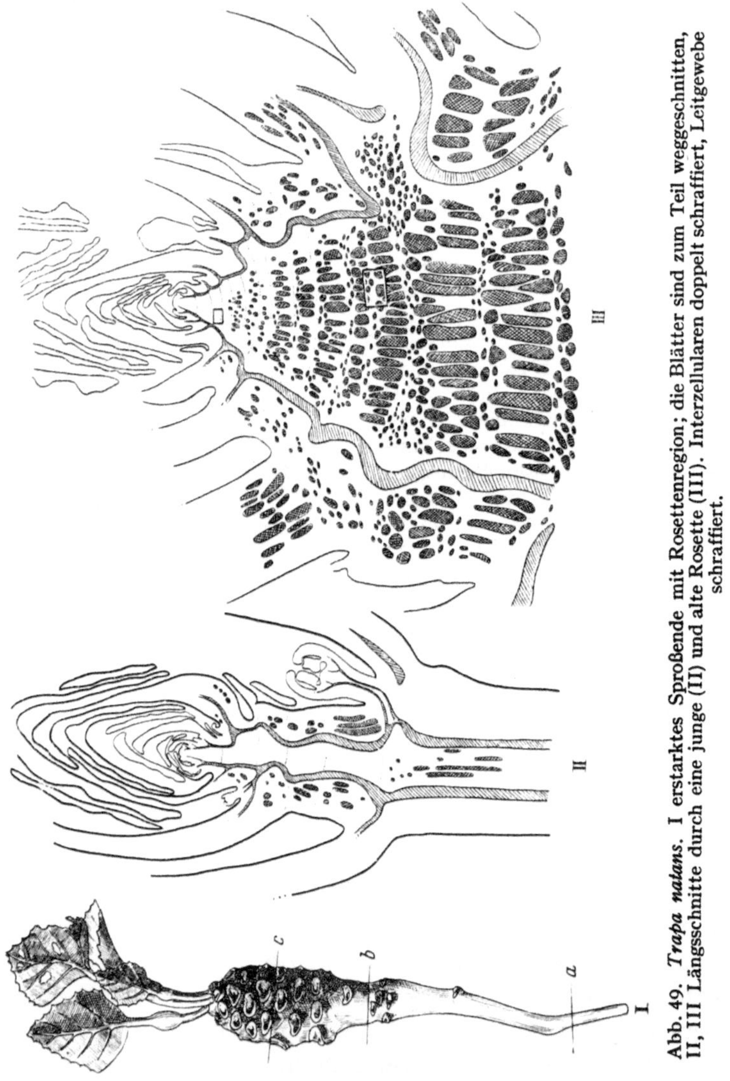

Abb. 49. *Trapa natans.* I erstarktes Sproßende mit Rosettenregion; die Blätter sind zum Teil weggeschnitten, II, III Längsschnitte durch eine junge (II) und alte Rosette (III). Interzellularen doppelt schraffiert, Leitgewebe schraffiert.

deshalb auch die dieser entsprechende Verjüngungszone. Wenn sich der Achsenkörper spitzenwärts dennoch verjüngt, so beruht diese Dickenabnahme auf dem mit dem Abschluß des Längenwachstums einhergehenden Erlöschen der primären Verdickung, nicht aber auf dem Eintritt in eine von der vegetativen Entwicklung sich abgrenzende reproduktive Phase der Entwicklung.

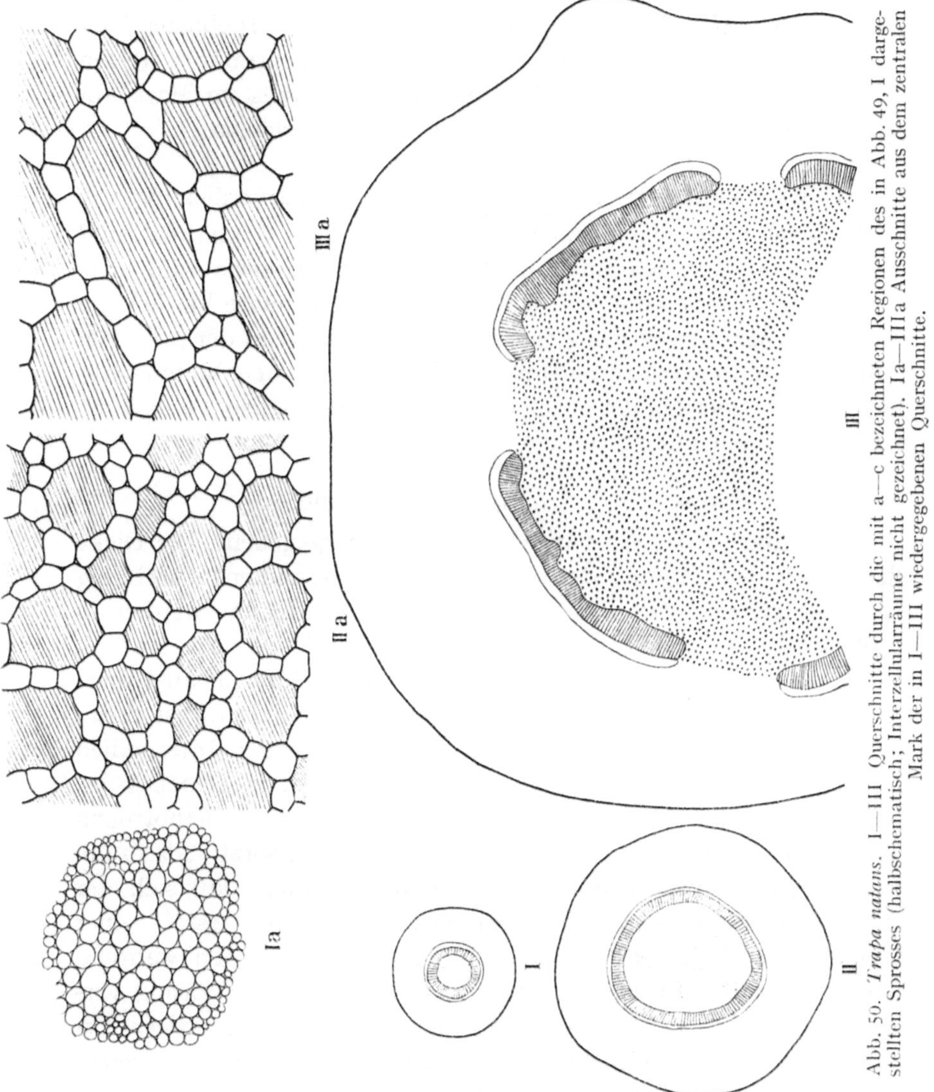

Abb. 50. *Trapa natans*. I—III Querschnitte durch die mit a—c bezeichneten Regionen des in Abb. 49, I dargestellten Sprosses (halbschematisch; Interzellularräume nicht gezeichnet). Ia—IIIa Ausschnitte aus dem zentralen Mark der in I—III wiedergegebenen Querschnitte.

Das EW von *Trapa* erfolgt in völliger Übereinstimmung mit dem von *Oenanthe* und *Sium*, wie Abb. 49, II, III und Abb. 50 dartun. Aus diesen geht klar hervor, daß die Sproßverdickung hauptsächlich auf primären Prozessen beruht, zunächst auf einer von Zellteilungen veranlaßten Markerweiterung. Aber auch die Interzellularenbildung ist daran beteiligt, wie ein Vergleich der unvollständig und vollerstarkten Bereiche der Sproßachse lehrt (Abb. 50, I—III). Denn in letzteren findet eine erhebliche Vergrößerung der Interzellularen statt. Zu den primären treten sekundäre Verdickungsvorgänge, die sich gleichfalls im Mark abspielen und der Achse ihre endgültige Dicke verleihen.

2. Erstarkungswachstum bei kortikaler Primärverdickung.

Beispiele für dieses nicht sehr verbreitete Verhalten sind *Sempervivum tectorum* und andere Crassulaceen sowie zahlreiche Cactaceen. Bei allen diesen Pflanzen beruht die primäre Verdickung nicht auf einer Erweiterung des Markkörpers, sondern der primären Rinde, weshalb sie auch regelmäßig mit Scheitelgrubenbildung einhergeht. Maskierung der durch das EW erzielten Achsenverdickung spielt hier eine untergeordnete Rolle.

Sempervivum tectorum (Abb. 51 und 52).

Eine ältere Pflanze ist in Abb. 51, I wiedergegeben. Die Dicke der Sproßachse nimmt unter Hemmung der Internodienentwicklung spitzenwärts zu. Im Bereich der erstarkten Region werden in größerer Zahl Erneuerungstriebe angelegt, an denen sich das EW wiederholt. Sie beginnen demnach mit einem dünnen, ausläuferartigen Abschnitt. Das erste Internodium (Hypopodium) ist daran gewöhnlich stark verlängert. Auch die ihm folgenden Internodien können sich noch in gestreckter Form darbieten (s. Troll 1937, S. 681). Mit dem Übergang vom plagiotropen zum orthotropen Wuchs, der sich unter Rosettenbildung vollzieht, setzt sodann ein kräftiges Dickenwachstum ein, mit dem Ergebnis, daß sich der kurze orthotrope Achsenabschnitt nicht selten in Gestalt einer kleinen Knolle darbietet (Abb. 51, II, III). An ihm treten, während der plagiotrope Abschnitt abstirbt, kräftige, oft rübenförmig verdickte Wurzeln auf. In diesem Zustand ist ein derartiger Erneuerungssproß kaum mehr von einer aus Samen hervorgegangenen Pflanze zu unterscheiden, weshalb wir unserer Untersuchung unbedenklich die leichter zugänglichen Seitensprosse zugrundelegen können.

Der plagiotrope Abschnitt ist deutlich dorsiventral gebaut mit Förderung der Unterseite (Abb. 51, IV). Diese Hypotonie äußert sich nicht allein in der Ausbildung des Leitbündelzylinders, sondern

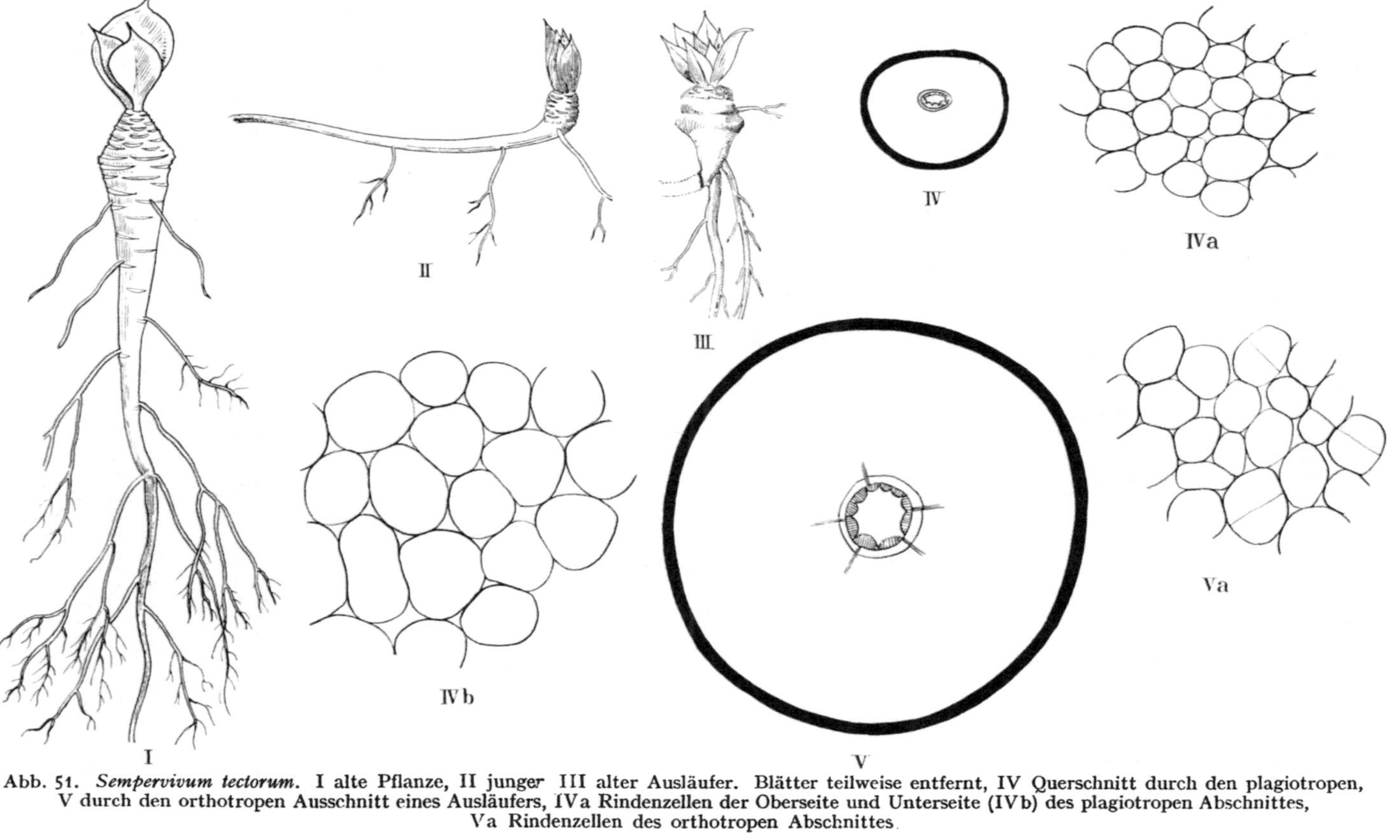

Abb. 51. *Sempervivum tectorum.* I alte Pflanze, II junger III alter Ausläufer. Blätter teilweise entfernt, IV Querschnitt durch den plagiotropen, V durch den orthotropen Ausschnitt eines Ausläufers, IVa Rindenzellen der Oberseite und Unterseite (IVb) des plagiotropen Abschnittes, Va Rindenzellen des orthotropen Abschnittes.

auch in der Zellgröße der primären Rinde, deren Areal den Sproß-
querschnitt weitgehend in Anspruch nimmt. Wie aus IVa und b
in Abb. 51 zu ersehen ist, weisen die Rindenzellen der Unterseite

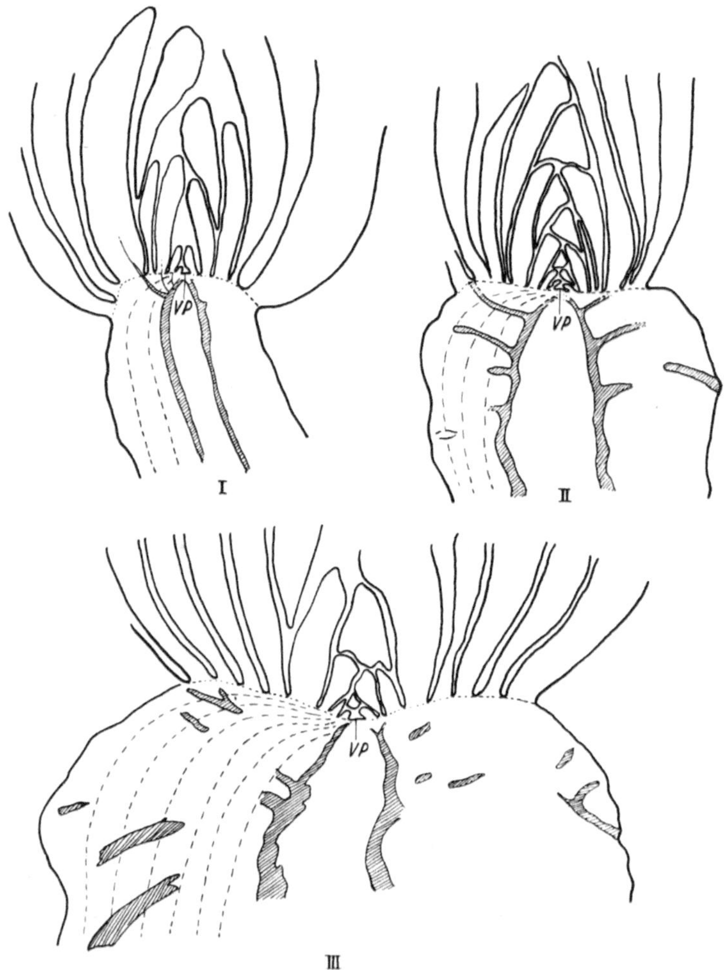

Abb. 52. *Sempervivum tectorum.* Längsschnitte durch die Rosettenregion eines jungen (I),
älteren (II) und alten Ausläufers (III). Der Verlauf der Rindenzellreihen ist durch
Strichelung angedeutet. Leitgewebe und Holz schraffiert. *VP* Vegetationspunkt.

fast die doppelte Größe von jenen der Oberseite auf. Mit dem
Übergang zum orthotropen Wuchs aber nimmt die Sproßachse
radiären Bau an (Abb. 51, V). Vermutlich handelt es sich hierbei
um induzierte, von Licht- und besonders von Schwerkraftsreizen
veranlaßte Dorsiventralität, die sich im Bereich der Rosette nach

DOPOSCHEG-UHLÁR (1913, vgl. auch GOEBEL, 1928, S. 622) in Anisophyllie äußert.

Beim EW vergrößert sich zwar auch der Markkörper etwas, doch bleibt er im Vergleich zur primären Rinde schmächtig (Abb. 51, IV, V). Auch das Kambium ist nur in geringem Maße tätig. Die knollenförmige Anschwellung der Sproßachse beruht vielmehr im wesentlichen auf einer Erweiterung der primären Rinde, wie aus den in Abb. 52 wiedergegebenen Längsschnitten durch die aufgerichtete Spitze von Ausläufern verschiedenen Alters zu ersehen ist. In I (junger Ausläufer) haben Markkörper und Rinde annähernd die gleiche Dicke; in III (alter Ausläufer) hat sich zwar der Durchmesser des Markkörpers etwa verdoppelt, die Dicke der primären Rinde hat jedoch den vierfachen Betrag angenommen. Aus sämtlichen Längsschnitten ist zu entnehmen, daß der Rindenkörper schon in Höhe des VP seine größte Dicke erreicht, ein Beweis dafür, daß die Verdickung primären Charakter trägt. Es liegen daher auch die Blattansätze alle auf gleicher Höhe. Sie werden sogar über den Scheitel hinausgehoben, was gleichbedeutend damit ist, daß es zur Ausbildung einer flachen Scheitelgrube kommt (Abb. 52, III).

Auch bei *Sempervivum* ist im Verlauf der Entwicklung eine Erstarkung des VP zu beobachten. Auf allen Entwicklungsstadien bietet sich dieser als breiter, nur wenig gewölbter Höcker dar, dessen Tunicaschicht an jungen Innovationssprossen etwa 20, an älteren dagegen etwa 30 Zellen aufweist (auf Längsschnitten). Diese Erstarkung bedingt in erster Linie die schon erwähnte Erweiterung des Markkörpers; die Verdickung des Rindengewebes aber beruht darauf, daß sich dessen Zellen bereits auf der Höhe des VP stark in der Querrichtung strecken, was unter lebhaften Periklinalteilungen geschieht. Die so entstehenden Rindenzellreihen nehmen einen bogig nach außen und unten gerichteten Verlauf (Abb. 52, III, gestrichelt). Ausführlicher wird auf diese Vorgänge im zweiten Teil der Untersuchung einzugehen sein.

Cactaceen (Abb. 53).

Viel tiefer als bei *Sempervivum* sind die Scheitelgruben bei sehr vielen Kakteen, worauf schon ältere Autoren wie GOEBEL, WETTERWALD und WESTERMAYER hingewiesen haben. Neben Formen, bei denen die Sproßverdickung eine Folge von Markerweiterung ist (Opuntia-Arten), gibt es zahlreiche andere, deren

Achsenerstarkung auf eine Vergrößerung des im Verlauf der Entwicklung zu einem mächtigen Wasserspeicher anschwellenden Rindenkörpers zurückzuführen ist (s. TROLL 1937, S. 862). Zu den letzteren gehören vor allem *Echinocactus-*, *Mamillaria-* und *Phyllocactus*-Arten. Als Beispiel diene das in Abb. 53 wiedergegebene jüngere Exemplar von *Echinopsis catamarcensis.* Das EW kommt hier ähnlich wie bei *Sium* und *Oenanthe* in einer verkehrt-kegelförmigen Gestalt der Sproßachse zum Ausdruck. Neben den primären Verdickungsprozessen spielen sich auch noch sekundäre ab, und zwar ebenfalls im Rindengewebe, indem fern vom VP noch zahlreiche Zellteilungen auftreten. Im übrigen bedarf das Dickenwachstum der Kakteen einer gesonderten Darstellung, die ebenfalls dem zweiten Teil der Arbeit vorbehalten ist.

Was den Gesamtwuchs anlangt, so ist bemerkenswert, daß bei den Kakteen, soweit sie nicht zur kriechenden Lebensweise übergehen, die primäre Radikation erhalten bleibt. Doch wird das Primärwurzelsystem in seiner Funktion durch zahlreiche, der Basis des Achsenkörpers entspringende sproßbürtige Wurzeln unterstützt (Abb. 53 *sw*).

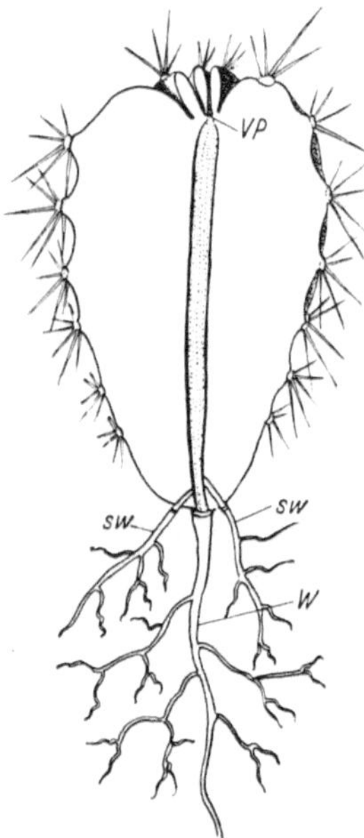

Abb. 53. *Echinopsis catamarcensis.* Längsschnitt durch eine junge Pflanze. W Primärwurzel, *sw* sproßbürtige Wurzeln. Mark: punktiert; primäre Rinde: weiß; *VP* Vegetationspunkt.

II. Das Dickenwachstum von *Impatiens* und ähnlich sich verhaltenden Dikotylen.

Führen wir einen Querschnitt durch die Achse einer älteren Pflanze, beispielsweise von *Impatiens Balsamina*, so stellen wir fest, daß er zum größten Teil von Markgewebe eingenommen wird (Abb. 54, III). Gegen die primäre Rinde wird das Mark von einem Ring isolierter Bündel begrenzt. Dieses Fehlen eines Holzkörpers ist mit ein Grund für die glasig-durchsichtige Beschaffenheit der Sproßachse.

Auf Grund des in den vorausgegangenen Kapiteln Ausgeführten wäre also für *Impatiens* starke primäre Verdickungsfähigkeit anzunehmen, zumal die Achsen tropischer Arten die Stärke eines Armes erreichen können. Dieser Annahme widerspricht aber, daß weder die Sproßachse im ganzen noch der Markkörper das typische

Symptom des EW, nämlich aufwärts zunehmenden Durchmesser
erkennen lassen. Sproßachse und Markkörper besitzen im Gegenteil
ihre größten Dickenausmaße an der Basis und nehmen nach der
wachsenden Spitze kontinuierlich an Dicke ab. Die Sproßachse hat
also eine Form, die wir als typisch für Pflanzen mit betont sekundärer Verdickungsfähigkeit erkannt haben.

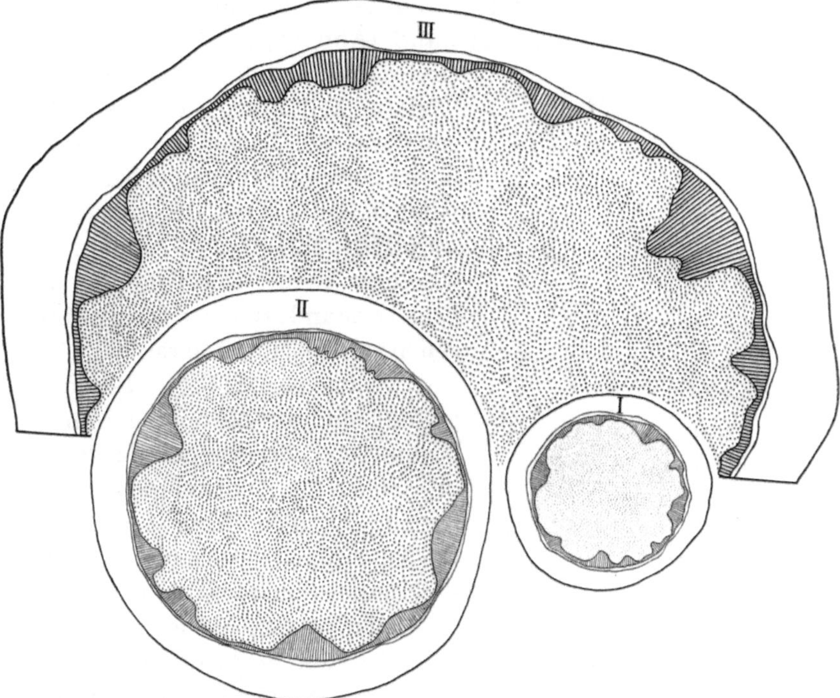

Abb. 54. *Impatiens Balsamina*. I—III Querschnitte durch verschieden alte Pflanzen.
Mark: punktiert.

Verfolgen wir nun die Entwicklungsgeschichte, so stellen wir
fest, daß bei *Impatiens* in der Tat sDW vorherrscht, allerdings in
der Form, die TROLL (1948, S. 276) gerade auch am Beispiel von
Impatiens als den medullären Typus bezeichnet hat. Die sekundäre
Verdickung spielt sich nämlich ausschließlich im Mark ab; die
kambiale Form des sDW hat keinen Anteil an der Sproßverdickung.
Ebenso sind die primären Verdickungsvorgänge von untergeord-
neter Bedeutung. Die Markerweiterung von *Impatiens*, wie sie
halbschematisch in Abb. 55, I—III dargestellt ist, beruht also nicht
auf einer Erstarkung des VP und auf betonter Zellvermehrung in

der Region des VK, sondern spielt sich in rückwärtigen, noch nicht in den Dauerzustand übergegangenen Teilen des Markes ab. Auch die primäre Rinde gewinnt durch die Vermehrung ihrer Zellschichten etwas an Umfang (Abb. 56, I a, II a), doch ist diese Dickenzunahme im Vergleich zu jener des Markes unbedeutend.

Die Erweiterung des Markkörpers wird durch die folgenden beiden Vorgänge bewirkt: 1. durch Zellwachstum beim Übergang des Gewebes in den Dauerzustand (Abb. 56, I, II) und 2. durch eine damit Hand in Hand gehende lebhafte Zellteilung. Die Volumenzunahme der Zellen kann aus den durch das Epikotyl verschieden alter Pflanzen geführten Quer- und Längsschnitten Abb. 56, I—V entnommen werden. Beim Übergang in den Dauerzustand strecken sich die Markzellen unter Teilung in radialer Richtung (Abb. 56, III—V). Besonders lebhaft sind die Zellteilungen in den peripheren Zellreihen des Markes, die im Bereich der Knoten einen welligen Verlauf nehmen (Abb. 56, V a). Bei der Ausdifferenzierung verdicken sich die Radialwände der Zellen in auffallender Weise. Zusammen mit dem Kollenchym der äußeren Rindenschichten (Abb. 56, I a, II a) bilden diese kollenchymatischen Komplexe des Markes das mithin sehr dürftige Stützgewebe der Pflanze. Rinde und Epidermis bleiben im Verlauf der Verdickung erhalten und folgen ihr durch ein mit Antiklinalteilungen der Zellen verbundenes Dilatationswachstum.

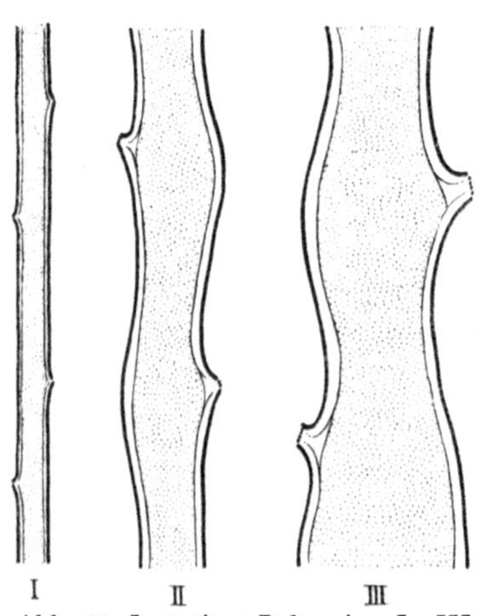

Abb. 55. *Impatiens Balsamina.* I—III Längsschnitte durch verschieden alte Pflanzen (halbschematisch). Mark: punktiert.

Hierher gehören auch verschiedene Gesneriaceen wie *Chirita* und *Monophyllaea*. Bei letzterer wird der Achsenkörper fast ausschließlich von dem stark verlängerten Hypokotyl gebildet, das seinen recht erheblichen Durchmesser ebenfalls einer rein medullären Sekundärverdickung verdankt.

Zunächst könnte es scheinen, als stünde das Verhalten von *Impatiens* und der ihr vergleichbaren Pflanzen völlig isoliert da. Dem ist aber nicht so. Denn medulläre Sekundärverdickung haben wir auch anderwärts, besonders bei *Helianthus annuus*,

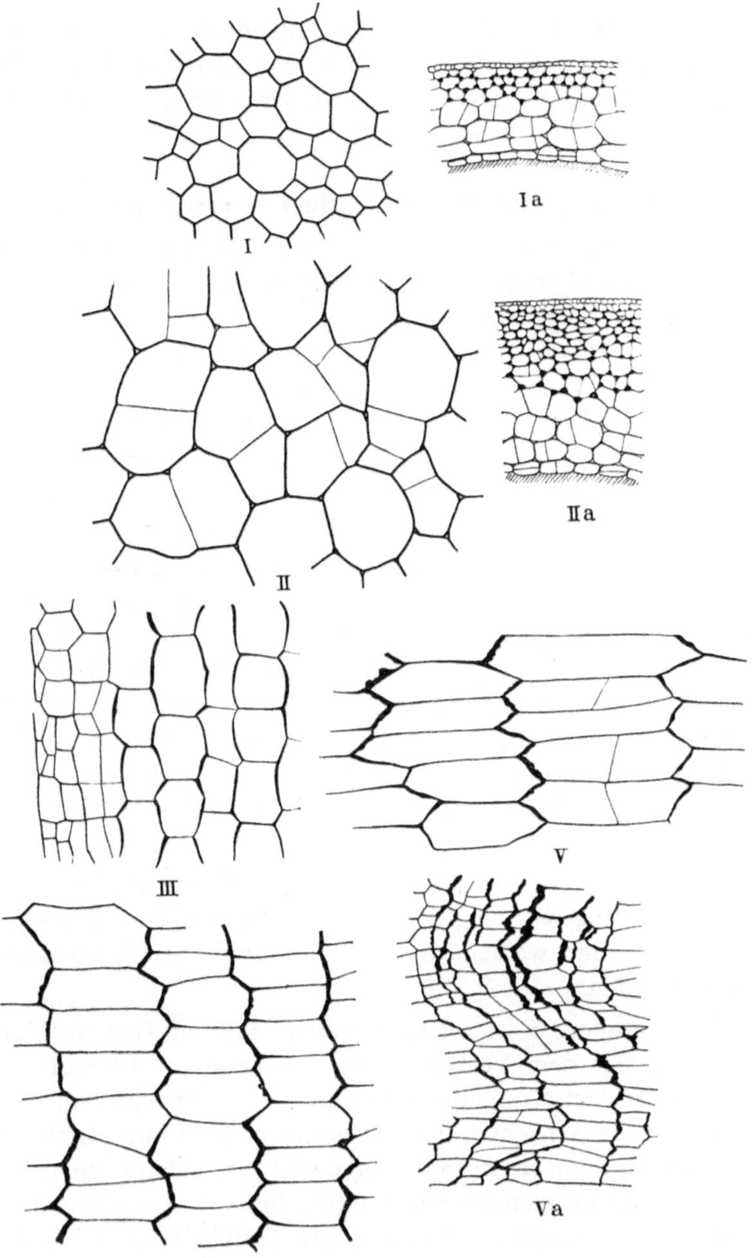

Abb. 56. *Impatiens Balsamina*. I, II Ausschnitte aus Querschnitten des zentralen Marks und primärer Rinde einer jungen (I, Ia) und alten Pflanze (II, IIa), III—V radiale Längsschnitte durch das Mark einer jungen (III), älteren (IV) und alten Pflanze (V). V zentrale Mark-, Va periphere Markzellreihen.

kennengelernt. Was *Impatiens* aber dennoch auszeichnet, ist die Tatsache, daß sich das sDW bei ihr allein im Mark abspielt und primäre Wachstumsvorgänge an der Achsenverdickung keinen nennenswerten Anteil haben.

III. Das Erstarkungswachstum von Seitenachsen.

In Abschnitt I wurde das EW von Primärachsen behandelt. In diesem Kapitel nun sollen daraufhin die Erneuerungssprosse dikotyler Stauden untersucht werden, die sämtlich durch ihren anisotropen Wuchs ausgezeichnet sind (TROLL 1937, S. 660 und 673 ff.). Der Wechsel in der Wuchsrichtung fällt dabei mit dem Abschluß der Achsenerstarkung zusammen. ,,Die Erstarkungszone ist somit plagiotrop, der über ihr gelegene Achsenabschnitt orthotrop" (TROLL 1937, S. 674).

Im einzelnen ist das EW sehr verschieden stark ausgeprägt. Vielfach fällt die dadurch bewirkte Achsenverdickung kaum in die Augen; sie kann dann nur durch Messungen festgestellt werden, wie solche auf Veranlassung TROLLs von RAUCHE durchgeführt wurden (s. TROLL 1937, S. 676, Anm. 1). Wo das EW große Beträge erreicht, kommt es zur Ausbildung sog. Ausläuferknollen, in deren Auftreten wir somit die extreme Steigerung der Dickenperiodizität von plagiotrop-ausläuferartigen Seitensprossen (Erneuerungssprossen) zu erblicken haben (TROLL 1937, S. 217 und 775).

Was im Rahmen dieser Darstellung interessiert, ist die Frage nach den histogenetischen Prozessen, die dem EW zugrundeliegen. Sie soll an Hand weniger, aber charakteristischer Beispiele beantwortet werden.

Von vornherein ist wahrscheinlich, daß im Grunde Übereinstimmung mit dem Verhalten der Primärsprosse besteht. Neben periodischer Erstarkung des VP ist es das spitzenwärts zunehmende pDW, das die Achsenverdickung bewirkt. Und zwar tritt uns das pDW wiederum in seiner medullären und kortikalen Form entgegen. Daneben gibt es auch Beispiele dafür, daß sich das EW auf sekundärem Wege, nämlich auf Grund der Tätigkeit eines Kambiums, vollzieht. Hierher gehören unter anderem die Ausläufer von *Fragaria* und die Wandersprosse von *Rubus caesius* (s. RAUH 1938, Abb. 10). Auf diese Fälle soll im Rahmen gegenwärtiger Arbeit nicht eingegangen werden.

1. Erstarkungswachstum bei medullärer Primärverdickung.

a) Gewöhnliche Ausläufer.

Stachys silvaticus (Abb. 57 und 58).

Diese Pflanze bildet oberirdische Ausläufer von der in Abb. 57, I wiedergegebenen Form. Das dargestellte Exemplar zeigt den Frühjahrszustand und befindet sich im zweiten Jahr seiner Entwicklung.

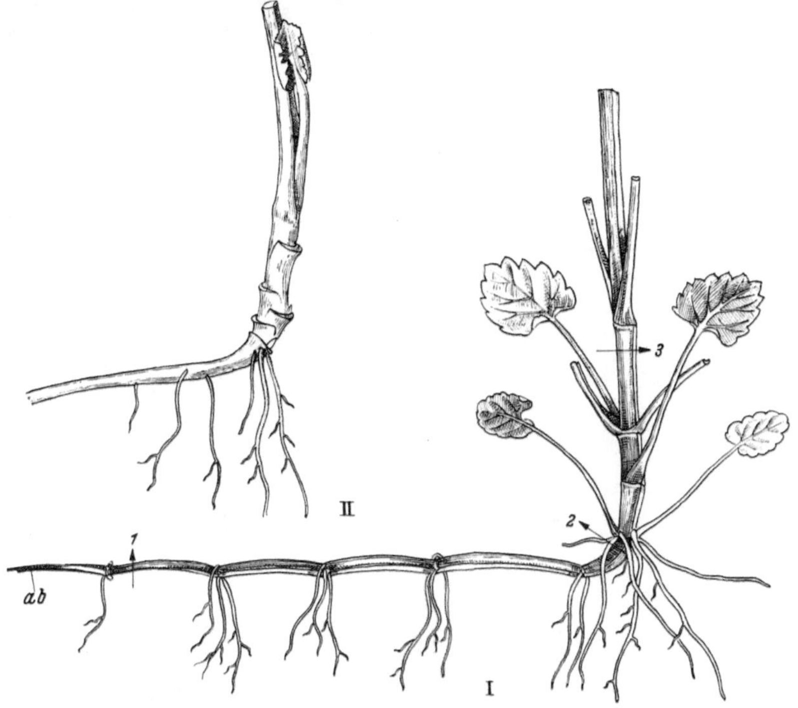

Abb. 57. I *Stachys silvaticus*. Ausläufer zu Beginn des zweiten Jahres; *ab* der absterbende plagiotrope Abschnitt, II *Tussilago Farfara*. Ausläufer zu Beginn des zweiten Jahres.

Die plagiotrope Phase entspricht dem Wachstum des ersten Jahres, der orthotrope Abschnitt stellt den Zuwachs des zweiten Jahres dar, an dem die Verbindung mit der Mutterpflanze bereits gelöst ist, da der plagiotrope Abschnitt von seinem hinteren Ende her bereits abzusterben beginnt (Abb. 57, I *ab*). Die sproßbürtigen Wurzeln brechen jeweils aus den Knoten hervor und sind unterseits, auch an den Flanken, entschieden gefördert (Dorsiventralität).

Das EW äußert sich zunächst in der Dickenentwicklung der Internodien. Im plagiotropen Abschnitt dünn und verlängert, nehmen sie im orthotropen Endteil unter Stauchung erheblich an Dicke zu. Der Durchmesser erhöht sich dabei von 1,8 mm im plagiotropen auf 43 mm im orthotropen Abschnitt. Von da ab verjüngt sich die Achse allmählich wieder in die Infloreszenzregion hinein.

Drastisch kommt die Achsenerstarkung sodann in der Ausbildung der Seitenorgane, vor allem der Blätter und sproßbürtigen

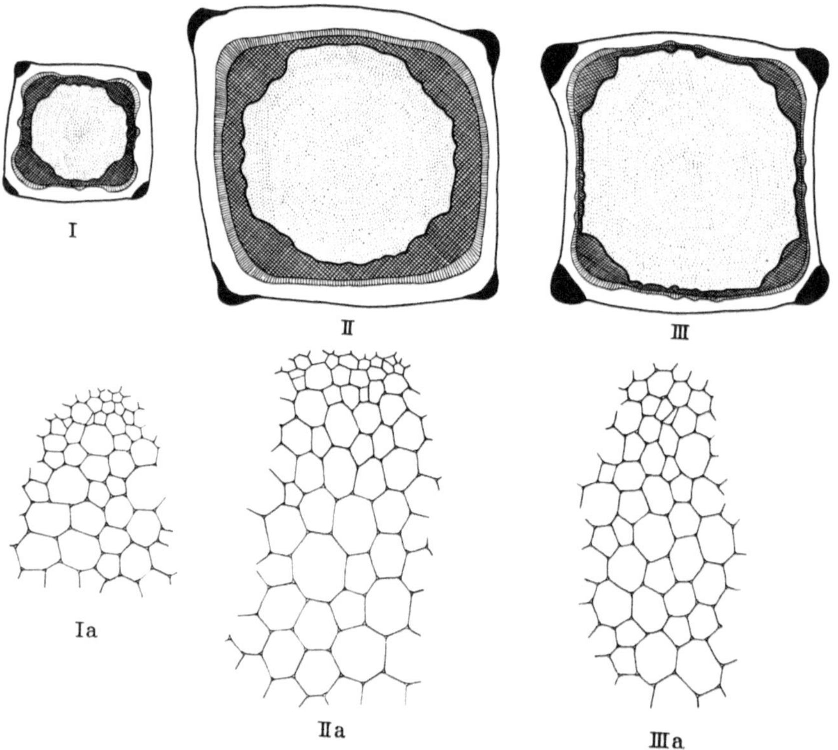

Abb. 58. *Stachys silvaticus*. Querschnitte durch die mit 1 bis 3 bezeichneten Regionen des in Abb. 57, I dargestellten Ausläufers. Ia—IIIa Ausschnitte aus dem zentralen Mark. Kambialer sekundärer Zuwachs: schraffiert. Mark: punktiert.

Wurzeln, zum Ausdruck. Auch die im Spätsommer zur Anlegung gelangenden Erneuerungsknospen gehen bevorzugt aus der erstarkten Spitzenregion des Ausläufers hervor. In all diesen Merkmalen gleichen die Ausläufer unseres Beispiels denen anderer Ausläuferpflanzen, weswegen nochmals auf die Darstellung bei TROLL (1937, S. 674ff.) verwiesen sei.

Was nun das EW der Ausläuferachse selbst anlangt, so kann aus den in Abb. 58, I—III wiedergegebenen Querschnitten entnommen werden, daß es sich im wesentlichen im Markkörper vollzieht. Die Dickenzunahme des Holzzylinders, die beim Übergang vom plagiotropen zum orthotropen Wuchs durch die Tätigkeit des Kambiums einsetzt, ist im Vergleich zur Erweiterung des Markkörpers gering (Abb. 58, II, III). Diese beruht nicht nur auf einer Streckung der Markzellen beim Übergang in den Dauer-

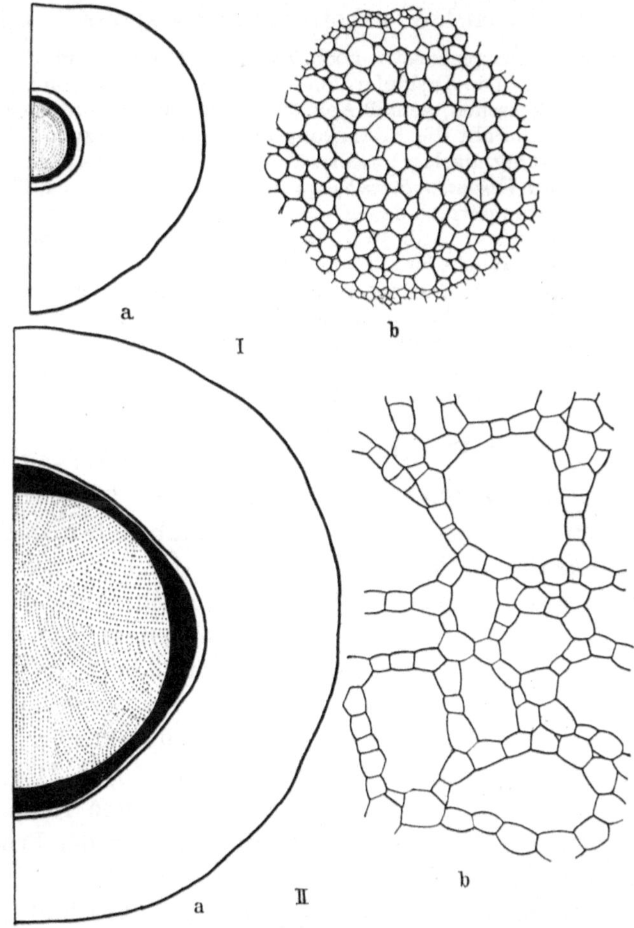

Abb. 59. *Veronica Beccabunga.* Ia Querschnitt durch den plagiotropen, IIa durch die Basis des orthotropen Abschnittes eines Ausläufers. Ib, IIb Ausschnitte aus dem Mark.

zustand (Abb. 58, Ia, IIa), sondern auch auf einer Vermehrung derselben. Auf dem Querschnitt Abb. 58, I konnten in den Markzellreihen 20, auf dem Querschnitt Abb. 58, II 31 Elemente gezählt werden. Da die Zellvermehrung im Mark bereits auf der Höhe des VK erfolgt, handelt es sich um pDW. Dazu tritt allerdings auch noch sDW, das seine größten Werte in der Krümmungsregion erreicht. Im orthotropen Abschnitt verringert sich dann die Tätigkeit des Kambiums zugunsten des pDW, so daß der Markköper auf Querschnitten stärker in Erscheinung tritt (Abb. 58, III). Das Verhalten der Ausläufer unserer Pflanze ist also dem unvollständig maskierten EW orthotroper Primärsprosse vergleichbar.

Als weitere Beispiele seien noch *Tussilago Farfara* und *Veronica Beccabunga* angeführt. Die Ausläufer von *Tussilago* gleichen, von ihrer geophilen Entwicklung abgesehen, gemäß Abb. 57, II ganz denen von *Stachys silvaticus*. Wie bei diesen beruht die Erstarkung der Achse bevorzugt auf einer durch sDW unvollständig maskierten Erweiterung des Markkörpers.

Was sodann *Veronica Beccabunga* anlangt, so lassen sich ihre ausläuferartigen Erneuerungstriebe denen von *Sium erectum* (S. 49) vergleichen. Die Verdickung der Achse (Abb. 59, Ia u. IIa) beim Übergang vom plagiotropen zum orthotropen Wuchs ist auch hier die Folge einer primären Erweiterung des Markkörpers, an der neben Zellvermehrung die Bildung von Interzellularen Anteil hat (Abb. 59, Ia u. IIa). Die kambiale Tätigkeit ist, wie dies auch für andere Sumpf- und Wasserpflanzen gilt, sehr gering (Abb. 59, Ia u. IIa). Wir können das Verhalten von *Veronica Beccabunga* daher als EW mit fehlender Maskierung charakterisieren.

b) Knollenbildende Ausläufer.
Solanum tuberosum (Abb. 60—63).

An den aus Knollen entwickelten Laubtrieben dieser Pflanze fällt das Maximum der Achsendicke mit der Basis des epigäischen Abschnittes zusammen (Abb. 60, I). Durchschneiden wir einen solchen Laubsproß der Länge nach, so stellen wir fest, daß sich die periodische Zu- und Abnahme der Achsendicke im Markkörper widerspiegelt (Abb. 63). Allerdings wird sie durch ein von einem Kambium ausgehendes sDW teilweise überkleidet. Besonders kräftig ist dieses den Querschnitten (Abb. 60, II, III) zufolge in der basalen Region, während es im epigäischen Abschnitt stark zurücktritt. Das Verhalten gleicht in etwa dem der Primärsprosse der Kohlpflanze.

Was sodann die aus dem hypogäischen Abschnitt der orthotropen Sprosse hervorgehenden Ausläufer anlangt, so findet an ihrem Ende nach Abschluß des Längenwachstums ein unter Internodienstauchung sich vollziehendes kräftiges EW statt, womit die Knollenbildung eingeleitet wird (Abb. 61, I—III, Abb. 63). Der Übergang vom ausläuferartigen zum knollenförmigen Wachstum erfolgt zunächst kontinuierlich (Abb. 61, IV, V). Die weitere Entwicklung der Knolle geht dann in der Weise vor sich, daß bei geringer Längenentwicklung ein intensives Dickenwachstum der Achse einsetzt, was dazu führt, daß der primordiale Knollenkörper mächtig anschwillt und sich nunmehr scharf und unvermittelt vom stolonenartigen Teil des Ausläufers absetzt (Abb. 61, III, Abb. 62, I). Bei diesem Dickenwachstum werden die Basen der an der Knolle inserierten Niederblätter in die Breite entwickelt; außerdem geht die Endknospe der Knolle aus ihrer bis dahin aufgerichteten

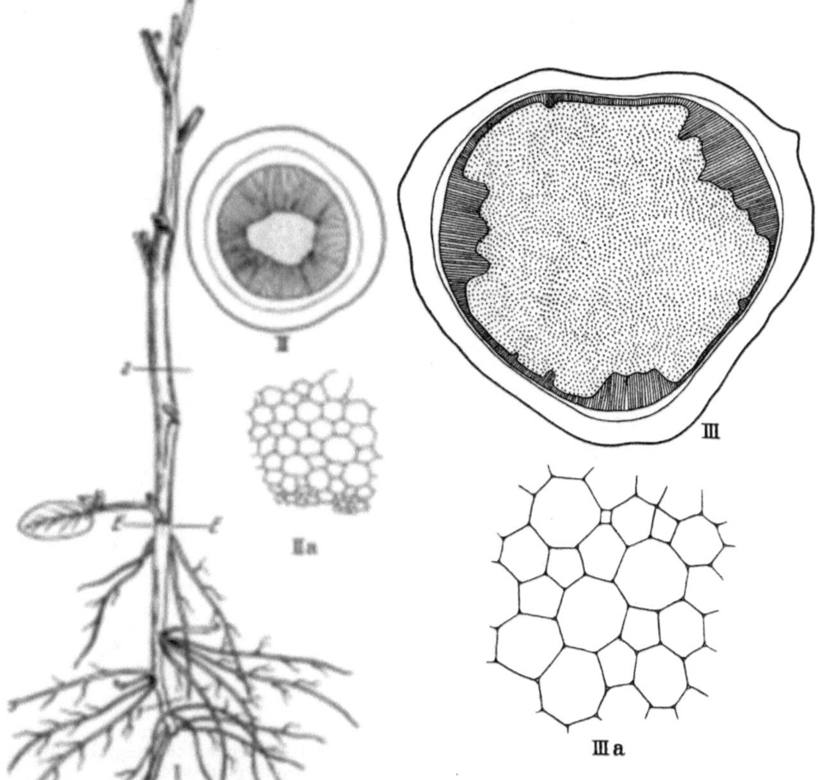

Abb. 60. *Solanum tuberosum.* I Aus einer Knolle hervorgegangener Laubtrieb *E—E* Erd-grenze, II, III Querschnitte durch die mit 1 und 2 bezeichneten Regionen desselben, II a und III a zentrale Markzellen der Querschnitte II, III.

Orientierung in eine horizontale über, so daß sie in die Längsachse der Knolle zu liegen kommt (Abb. 61, III, VI, VII, Abb. 62, II).

An der Bildung der Knolle hat neben der Erstarkung des VP die medulläre Form des pDW den wesentlichsten Anteil. Der VP stellt einen nur wenig gewölbten Höcker dar, der nach hinten in den schlanken, steil aufgerichteten VK übergeht (Abb. 62, II).

Schon auf der Höhe des VP finden in den Elementen der bogig-antiklinal verlaufenden Markzellreihen (Abb. 61, VI u. VII, punktiert hervorgehoben) lebhafte Periklinalteilungen statt, mit dem Erfolg, daß sich der Markkörper von vornherein mächtig erweitert (Abb. 61, VI, VII, Abb. 62, II). Die Zellen der so entstehenden antiklinalen Reihen erfahren mit zunehmender Ausdifferenzierung

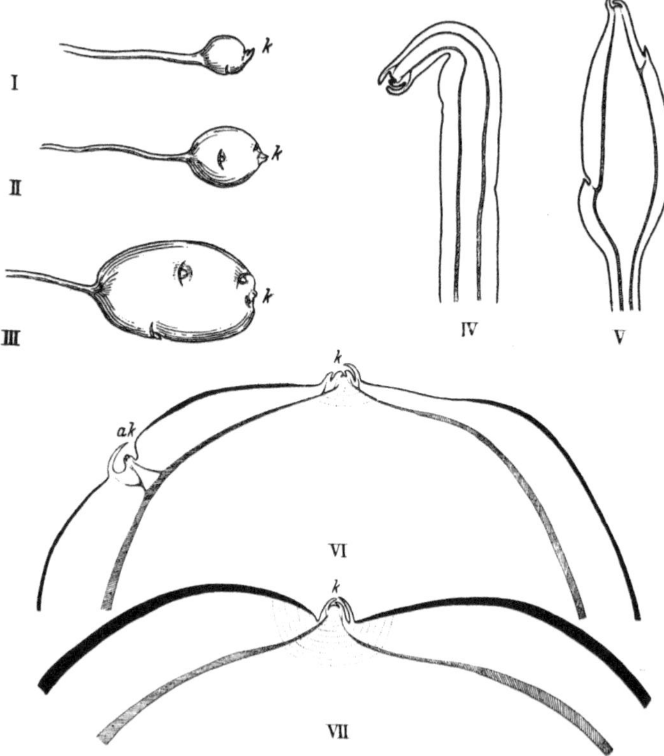

Abb. 61. *Solanum tuberosum.* I—III Knollenentwicklung. *K* Endknospe. IV—VII Längsschnitte durch junge und alte Knollen. In VII beginnende Scheitelgrubenbildung. Verlauf der Zellzüge in Mark und Rinde punktiert.

eine starke Dehnung in radialer Richtung. Dabei runden sie sich ab, so daß die regelmäßige Struktur des Zellgefüges verloren geht (Abb. 62, II).

Der primären Verdickung schließen sich in größerer Entfernung vom VK sekundäre Verdickungsprozesse an, bestehend in unregelmäßiger Markzellvermehrung (Abb. 62, II). Durch sie erhält dann die Knolle ihre endgültige Dicke. Diese sekundären Verdickungsvorgänge sind nur auf den Knollenkörper beschränkt; der ausläuferartige Abschnitt der Knollensprosse wird in sie nicht einbezogen, er behält demgemäß seine anfängliche Dicke bei. Kambiale Sekundärverdickung fehlt überhaupt (Abb. 63).

Nicht unerwähnt soll bleiben, daß auch das Rindengewebe im Verlauf der Knollenentwicklung durch Zellvermehrung noch eine geringfügige Verdickung erfährt (Abb. 61, V—VII). Sie

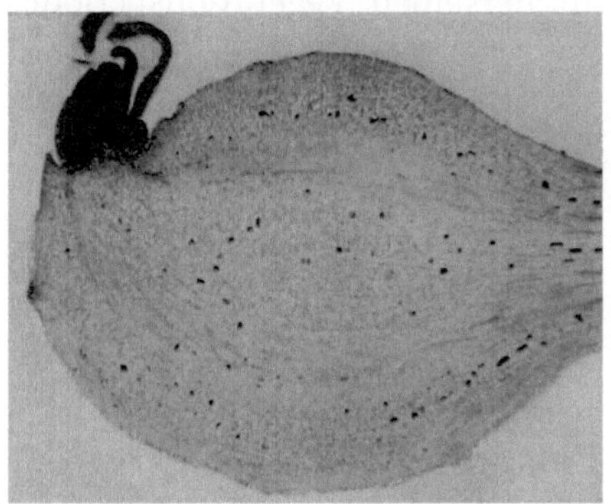

I   II

Abb. 62. *Solanum tuberosum*. I Längsschnitte durch eine junge, II durch eine ältere Knolle.

führt dazu, daß die Endknospe — gleiches gilt für die Seitenknospen des Knollenkörpers — vom Rindengewebe überwallt und in eine grubenartige Vertiefung versenkt wird. Halbschematisch ist die beginnende Grubenbildung in Abb. 61, VII dargestellt. Die antiklinalen Rindenzellreihen richten sich dabei in Höhe des VK unter radialer Streckung und periklinaler Teilung ihrer Elemente steil auf (Abb. 61, VII, punktiert)[1].

Beim Überblick über das Gesamtverhalten der Erneuerungstriebe ergibt sich, daß diese ein zweimaliges EW erfahren und demzufolge zwei Erstarkungszonen aufweisen (Abb. 63). Die anfängliche Erstarkung fällt in die erste Vegetationsperiode und ist identisch mit der Knollenbildung. Bei der Fortsetzung des Wachstums in der zweiten Vegetationsperiode kommt es im Bereich des orthotropen Sproßabschnittes zu einer neuerlichen Erstarkung, deren Ausmaß aber

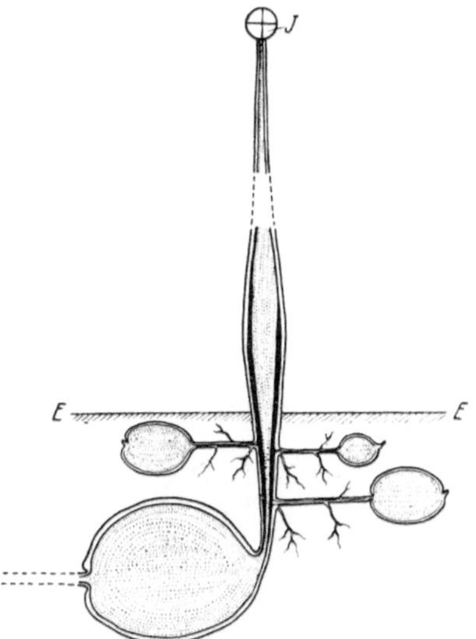

Abb. 63. *Solanum tuberosum*, Sproßaufbau schematisch. *J* Infloreszenzregion, *E—E* Erdgrenze. Mark: punktiert; Holz: schwarz.

---

[1] Zelluläre Darstellungen werden im zweiten Teil der Arbeit gegeben.

stark hinter der bei der Knollenbildung erreichten Verdickung zurückbleibt. In diesem Zusammenhang ist von Interesse, daß sich die Knollenbildung im Verlauf derselben Vegetationsperiode

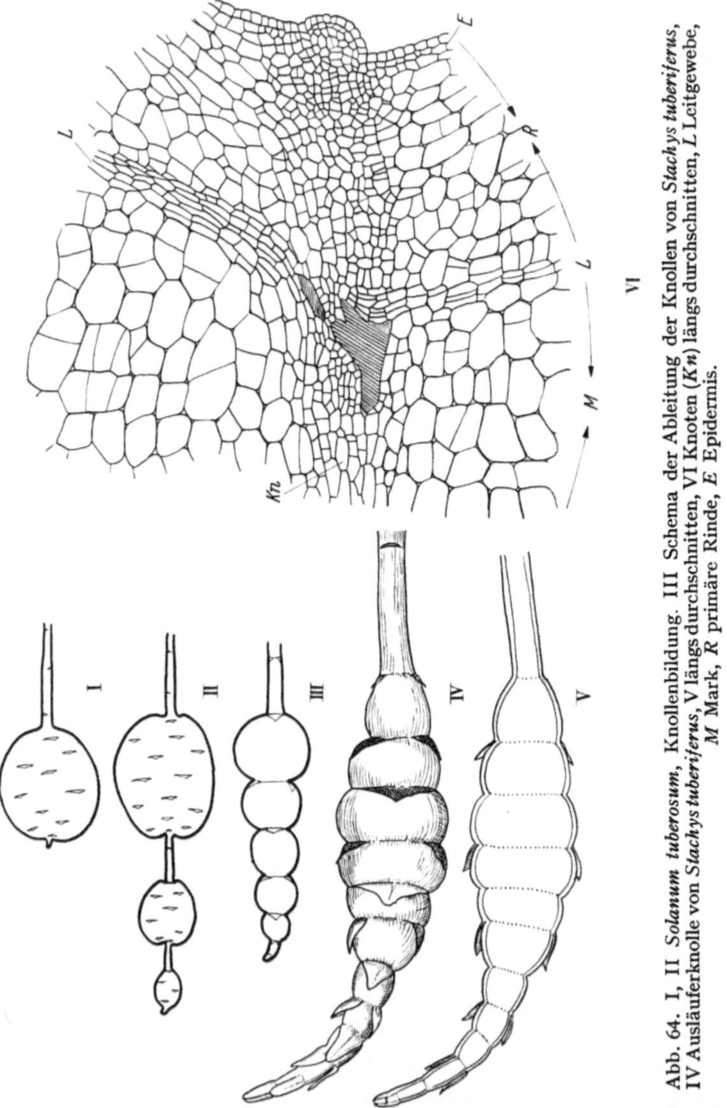

Abb. 64. I, II *Solanum tuberosum*, Knollenbildung. III Schema der Ableitung der Knollen von *Stachys tuberiferus*, IV Ausläuferknolle von *Stachys tuberiferus*, V längs durchschnitten, VI Knoten (*Kn*) längs durchschnitten, *L* Leitgewebe, *M* Mark, *R* primäre Rinde, *E* Epidermis.

rhythmisch zu wiederholen vermag (RAUH 1941 und Abb. 64, II). Es macht dann die Endknospe der zuerst erzeugten Knolle kein Ruhestadium durch, sie wächst vielmehr sofort zu einem kurzen plagiotropen Ausläuferabschnitt aus, dessen Ende unter Hemmung der Längenentwicklung sich abermals verdickt und so eine zweite kleinere Knolle liefert. Dieser Vorgang kann sogar mehrere Male nacheinander stattfinden (Abb. 64, I, II), wobei die Größe der später entstehenden Knollen kontinuierlich abnimmt.

Stachys tuberiferus.

Charakteristisch für die Knollenbildung dieser Pflanze, die sonst darin *Solanum tuberosum* gleicht, ist die perlschnurartige Gliederung des Knollenkörpers; sie steht zu der streng durchgeführten Differenzierung der Ausläuferachse in Knoten und Internodien in Beziehung, die ihrerseits mit der dekussierten Beblätterung zusammenhängt. In den Knotenbereichen erweist sich die Knolle eingeschnürt, während die Internodien verdickt hervortreten. Es kann in dieser und in anderer Hinsicht auf die Darstellung bei TROLL (1937, S. 780) hingewiesen werden.

Die Knollenbildung ist wie bei *Solanum tuberosum* das Ergebnis eines auf primärer und sekundärer Erweiterung des Markes beruhendes EW. Die Kambiumtätigkeit ist völlig unterdrückt, so daß die xylematischen Elemente auf die Leitbündel beschränkt sind.

Besonders interessiert die Frage, wie die perlschnurartige Knollengliederung zustande kommt. Es zeigt sich, daß sie eine Folge der verschiedenen Zellgröße im Knoten- und Internodienbereich ist (Abb. 64, VI). Was zunächst die Internodien anlangt, so erfahren die Markzellen in ihnen lebhafte Periklinalteilungen, ein Verhalten, das zwangsläufig eine Dickenzunahme zur Folge hat. Und da die besagte Zellvermehrung in der Internodienmitte den größten Betrag aufweist, so nimmt das Internodium im ganzen eine rundlich-tonnenförmige Gestalt an. Als zahlenmäßiger Beleg sei angeführt, daß am proximalen Ende eines Internodiums in radialer Erstreckung 29, in der Internodienmitte 40 und im distalen Abschnitt 32 Markzellen gezählt werden konnten.

Mit *Solanum tuberosum* herrscht auch darin Übereinstimmung, daß die Erneuerungstriebe zwei Erstarkungszonen erkennen lassen, deren erste mit der Knolle zusammenfällt, während die zweite, ungleich schwächere der orthotrop-photophilen Verlängerung des Knollensprosses angehört.

2. Erstarkungswachstum bei kortikaler Primärverdickung.

Dieser auch bei Primärsprossen wenig verbreitete Fall des EW wurde am Beispiel der Ausläufer von *Sempervivum tectorum* schon auf S. 60 behandelt. Sonst ist uns ein ähnliches Verhalten nur von

den Ausläufern einer Gesneriacee, der *Episcia punctata*, bekannt
geworden, über deren Wuchs man die Darstellung bei TROLL
(1937, S. 677) vergleiche. Andere Arten der Gattung und wohl auch
andere Glieder derselben Familie werden vermutlich damit über-
einstimmen.

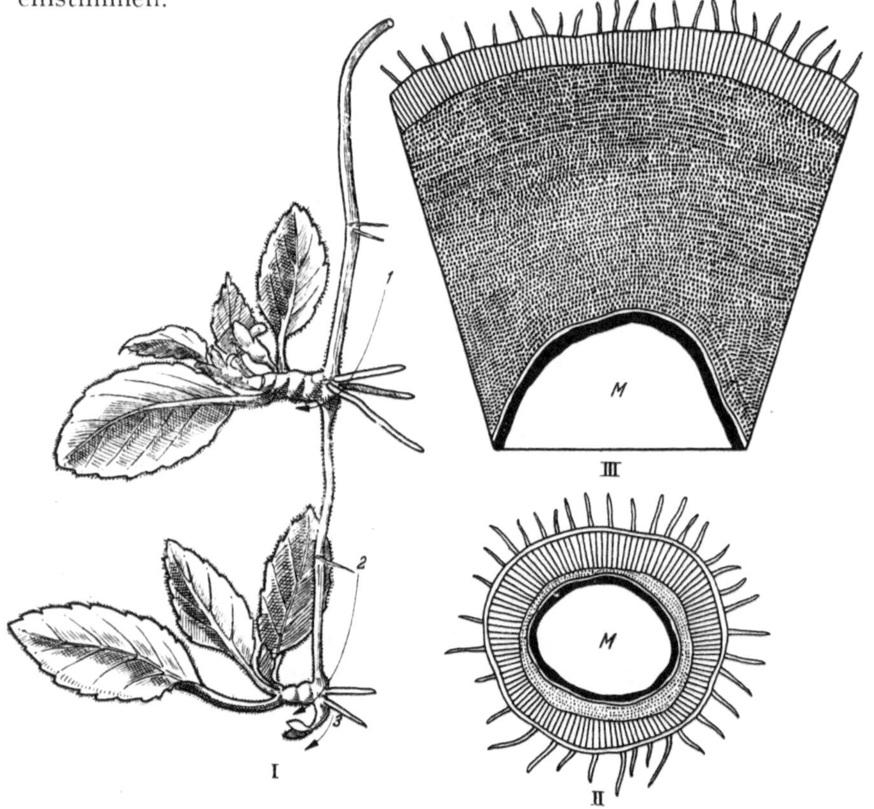

Abb. 65. *Episcia punctata*. I hängender Ausläufer mit drei Sympodialgliedern (*1* bis *3*),
II, III Querschnitte durch den plagiotropen (II), durch die Basis des orthotropen (III)
Abschnittes. *M* Mark, Phellem: schraffiert, Holz: schwarz.

Ein drei Sympodialglieder umfassender Sproßverband ist in
Abb. 65, I dargestellt, aus der man ersieht, daß das einzelne Sympo-
dialglied aus einem sich über zwei stark verlängerte Internodien
erstreckenden plagiotropen Abschnitt und einem gestauchten Endteil besteht, der sich als Laubrosette orthotrop erhebt. Der Fort-
setzungssproß geht jeweils aus der Achsel eines basalen Rosetten-
blattes hervor und stellt sich so genau in die Richtung des vorausgehenden Sympodialgliedes ein, daß er dessen plagiotropen Abschnitt unmittelbar fortzusetzen scheint (Abb. 65, I).

Was hier aber vor allem interessiert, ist das kräftige EW, das die Ausläuferachse beim Übergang von der plagiotropen zur orthotropen Orientierung erfährt. In seinem Verlauf verdickt sich das orthotrope Ende gegenüber dem plagiotropen Abschnitt etwa um den dreifachen Betrag. Spitzenwärts verringert sich der Durchmesser wieder, ohne daß es zu einer Internodienstreckung kommt. Eine vom vegetativen Abschnitt sich sondernde Blütenregion, d. h. eine Infloreszenz, wird hier nicht gebildet. Die Blüten stehen vielmehr einzeln in den Achseln der Rosettenblätter. Gleichwohl wird durch die Blütenbildung das Längenwachstum der Ausläufer begrenzt.

Die Erstarkung des Ausläuferendes ist das Ergebnis einer kortikalen Primärverdickung. Es sei auf die Querschnitte in Abb. 65, II, III verwiesen, von denen II durch den plagiotropen und III durch den verdickten orthotropen Abschnitt des Ausläufers geführt ist. Betrachten wir zunächst den Querschnitt II genauer, so fällt der relativ große Umfang des Markkörpers auf. Das durch den Leitzylinder vom Mark geschiedene periphere Gewebe ist wenig ausgedehnt und gliedert sich in zwei Zonen. Die Innenzone (punktiert), die sich vom Phloëm des Leitzylinders nicht scharf sondern läßt, ist durch den Chloroplastengehalt ihrer Zellen ausgezeichnet. Die bedeutend mächtigere Außenzone baut sich aus chloroplastenfreien Zellen auf, die deutlich in radialen Reihen angeordnet sind (schraffiert). Diese Struktur ist auf den Ursprung des Gewebes zurückzuführen, das aus periklinalen Teilungen der subepidermalen Zellschicht hervorgeht. Vermutlich handelt es sich um Phelloderm, zumal die Zellen, deren Membranen keine Verkorkung erfahren, Inhaltsstoffe führen. Epidermis und subepidermale Schicht sind im ausgewachsenen Zustand abgestorben. Da sie eine bräunliche Färbung annehmen, dürften die Zellmembranen verkorkt sein (Metakutisierung). So liegt es nahe anzunehmen, daß die Außenzone insgesamt ein Periderm darstellt, das bei Unterdrückung der Phellembildung vorzugsweise aus Phelloderm besteht. Das Phellem würde dann allein von der Epidermis und der in der Entwicklungsphase als Phellogen funktionierenden subepidermalen Zellschicht bestehen.

Ein wesentlich anderes Bild erhalten wir auf einem Querschnitt durch den erstarkten Endabschnitt des Ausläufers (Abb. 65, III). Der Markkörper ist gegenüber dem plagiotropen Abschnitt nur unwesentlich erweitert. Ferner ist der auf Kambientätigkeit

zurückgehende sekundäre Zuwachs unbedeutend, auch die Zahl der
Zellschichten in der durch die radiale Anordnung ihrer Elemente
ausgezeichneten Außenzone des peripheren Gewebes weist kaum
eine Erhöhung auf. Um so stärker tritt hier das chloroplasten-
führende Parenchym hervor, das obigen Ausführungen zufolge der
primären Rinde homolog wäre. Deren Mächtigkeit beruht auf
lebhafter Zellvermehrung, bei der keine bestimmte Teilungsrichtung
eingehalten wird, die vielmehr allseits gleichmäßig erfolgt, mit dem
Ergebnis, daß sich die Rinde in ihrer Gewebestruktur scharf von
dem sie umschließenden Phelloderm abhebt.

D. Beziehungen zwischen Erstarkungswachstum, Internodienlänge und Organbildung des Achsenkörpers.

Auf die in der Überschrift angedeuteten Zusammenhänge ist
bereits Troll in den entsprechenden Teilen seiner „Vergleichenden
Morphologie" ausführlich eingegangen. Zahlreiche neue Belege sind
in der vorliegenden Arbeit enthalten. Da diese aber über den Text
zerstreut sind, so empfiehlt es sich, sie hier am Schluß noch einmal
zusammenfassend darzustellen, dies um so mehr, als es sich um
Gesetzmäßigkeiten handelt, denen für das Verständnis der kormo-
phytischen Organisation überhaupt größte Bedeutung zukommt.

Wir beschränken uns dabei, wie es in der Arbeit schon bisher
geschah, auf die Dikotylen, und gehen auch bei diesen wiederum
nur auf die Internodienentwicklung und die Radikation ein.

a) Internodienlänge.

Als typische Längenperiode der Primärachse dikotyler Pflanzen
können wir die Abfolge verlängerter, verkürzter und abermals
gestreckter Internodien ansehen. Bezogen auf die durch das pDW
erwirkte Dickenperiodizität fällt der gestauchte Achsenabschnitt
mit dem Maximum der Dickenperiode zusammen (Abb. 66, I, II).
Die verlängerten Internodien gehören also einerseits der Erstar-
kungs- und andererseits der dem Dickenmaximum aufwärts sich
anschließenden Verjüngungszone an, falls diese überhaupt zur Ausbildung gelangt. Im einzelnen freilich sind diese Verhältnisse
mannigfach variiert. Als Beispiele seien *Nicotiana*, *Helleborus* und
die verschiedenen Varietäten von *Brassica oleracea* genannt, etwa
Rotkraut und Kohlrabi, deretwegen man die Diagramme in
Abb. 66, III—VI vergleiche. Nicht erheblich verschieden davon ist
Lactuca sativa.

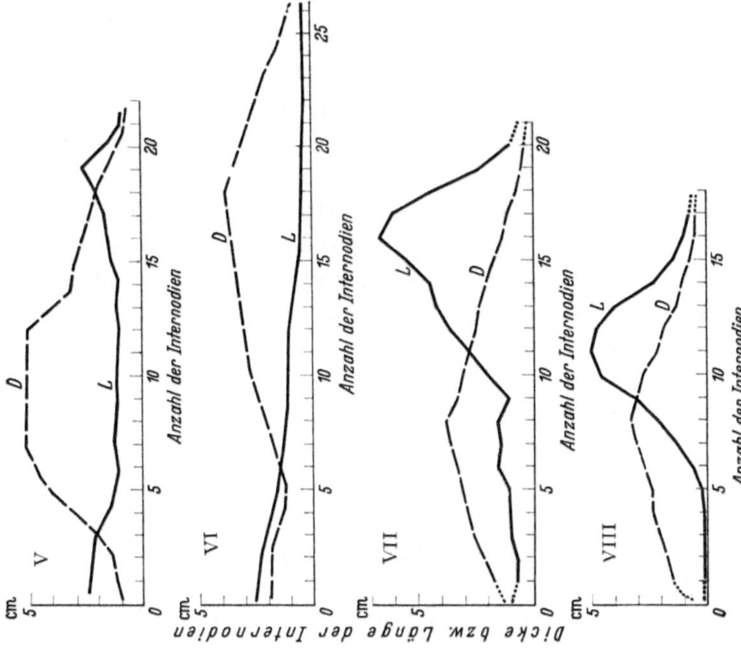

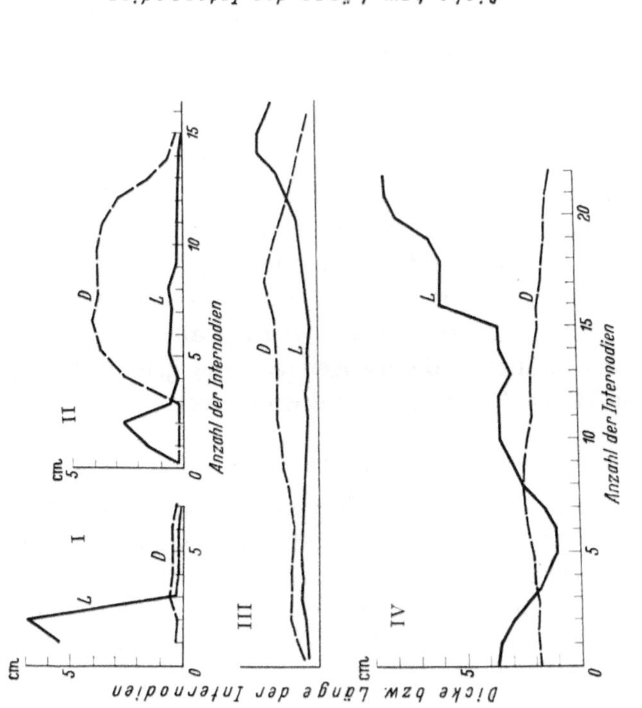

Abb. 66. Internodienlänge und -dicke von I *Episcia punctata*, II *Solanum tuberosum*, III *Helleborus foetidus*, IV *Nicotiana tabacum*, V Kohlrabi („lange" Sorte), VI Rotkraut, VII *Oenanthe aquatica* (Tiefwasserform), VIII *Oenanthe aquatica* (Seichtwasserform). Dickenkurve gestrichelt, Längenkurve ausgezogen.

Demgegenüber beschränkt sich die untere Verlängerungszone bei den Rosettenpflanzen auf das Hypokotyl. Alle dikotylen Rosettenpflanzen stimmen darin überein, daß sie ihre Entwicklung mit einem gestreckten Hypokotyl beginnen. Über den Kotyledonen setzt dann sofort Internodienstauchung ein. Man denke etwa an *Plantago*-Arten, bei denen infolge des ganzrosettigen Wuchses das Hypokotyl überhaupt das einzige verlängerte Internodium der Primärachse darstellt. Bei *Sium latifolium* und *Oenanthe aquatica* (Seichtwasserform) geht der Achsenkörper dagegen nach Abschluß der vegetativen Periode zum Wachstum mit verlängerten Internodien über (Abb. 66, VII).

In Einzelfällen kann das Hypokotyl bei Stauchung aller übrigen Internodien, sogar extreme Länge erreichen. Wir weisen hiermit auf die sog. Bäumchenrosetten von *Biophytum*-Arten hin, die Ganzrosettenpflanzen nach dem Muster von *Plantago media* darstellen, nur daß eben die Rosette an einem stark verlängerten Hypokotyl emporgehoben ist (TROLL 1937, S. 222).

Auch *Trapa natans* soll nochmals angeführt werden, deren Schwimmrosette ebenfalls einen verlängerten Achsenabschnitt von unbedeutender Dickenentwicklung abschließt. Dieser besteht hier aber aus zahlreichen gestreckten Internodien und ist mit Primärblättern besetzt, die erst im erstarkenden Rosettenbereich von den ansehnlichen gestielten Folgeblättern abgelöst werden.

Sehr viel deutlicher tritt uns das eingangs als typisch bezeichnete Verhalten an den anisotropen Seitensprossen entgegen, besonders dort, wo der durch maximale Erstarkung ausgezeichnete Achsenabschnitt zur Knollenbildung herangezogen wird (Ausläuferknollen). Beispiele liefern *Solanum tuberosum* und *Stachys tuberiferus* (Abb. 66, II). Letzten Endes werden alle diese Fälle durch *Ajuga reptans* erläutert, deretwegen auf die grundsätzliche Darstellung bei TROLL (1948, S. 74) verwiesen sei.

b) Radikation.

Diesen schon von LINNÉ bereitgestellten Begriff hat TROLL (1949) zur Kennzeichnung der Bewurzelungsverhältnisse wieder eingeführt. Hier kommt besonders die heterogene Radikation in Betracht, die dort vorliegt, wo zu dem von der Primärwurzel gelieferten Wurzelsystem in wechselndem Umfang sproßbürtige Wurzeln hinzukommen. Diese sind es, die in ihrem Auftreten stark vom EW beeinflußt werden. Typisch ist die heterogene Radikation für die

Monokotylen, bei denen wegen der fehlenden sekundären Verdickung der Zusammenhang zwischen dem EW des Achsenkörpers und der Ausbildung der sproßbürtigen Wurzeln besonders klar zu erkennen ist. Unter den Dikotylen verhalten sich ähnlich namentlich jene Formen, deren Sproßachsen ebenfalls der sekundären Verdickung entbehren, so vor allem *Sium latifolium* und *Oenanthe aquatica* (Abb. 67, II). Recht interessant sind in dieser Hinsicht

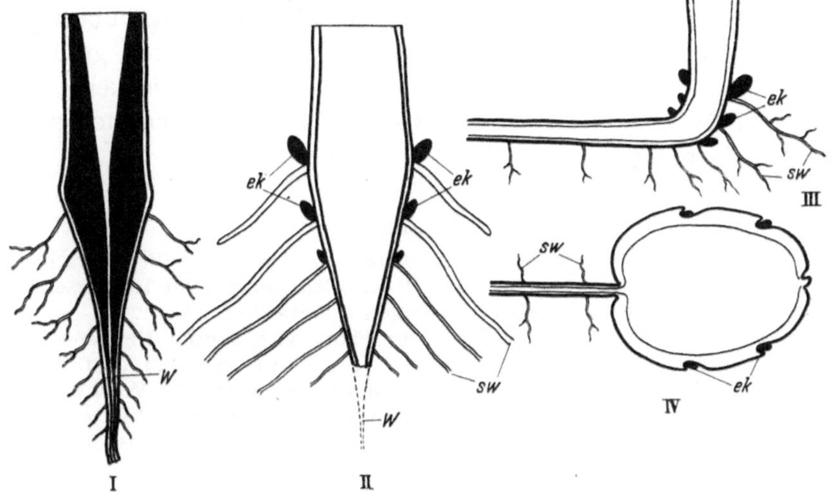

Abb. 67. Erstarkungswachstum und Radikation. I Erstarkungswachstum mit vollständiger Maskierung. Es ist nur das Primärwurzelsystem (*W*) ausgebildet, II Erstarkungswachstum mit fehlender Maskierung. Das Primärwurzelsystem ist abgestorben (gestrichelt) und durch sproßbürtige Wurzeln (*sw*) ersetzt. *Ek* Erneuerungsknospen, III gewöhnliche Ausläufer, IV Knollenausläufer (*Solanum tuberosum*).

auch die Jugendstadien von Pflanzen wie *Fragaria vesca, Primula officinalis* oder *Helleborus niger*, wo die aus dem Kotyledonarknoten und aus epikotylen Achsenteilen hervorbrechenden sproßbürtigen Wurzeln die Primärwurzel an Stärke erheblich übertreffen (Abb. 1882, I bei TROLL 1942/43, S. 2209).

Natürlich wird die sproßbürtige Bewurzelung in ähnlicher Weise wie durch das EW von der sekundären Verdickung des Achsenkörpers beeinflußt, so etwa bei *Balsamina hortensis*, die sproßbürtige Wurzeln aus der Hypokotylbasis hervorbringt. Diese ist in die medulläre Sekundärverdickung des übrigen Achsenkörpers einbezogen. Die ihr entstammenden sproßbürtigen Wurzeln zeichnen sich durch erhebliche Stärke aus und nehmen außerdem aufwärts an Dicke nicht unerheblich zu (WEBER 1936, Abb. 3).

Daß die ausläuferartigen Seitensprosse von der geschilderten
Regel keine Ausnahme machen, lehrt *Ajuga reptans*, die als Typus
gelten kann (TROLL 1948, S. 74, Abb. 67, III). Modifikationen
begegnen uns namentlich bei knollenbildenden Ausläufern, etwa
denen der Kartoffelpflanze. Für sie ist charakteristisch, daß der
Knollenkörper selbst wurzellos ist. Die Erzeugung sproßbürtiger
Wurzeln ist auf die eigentliche Ausläuferachse (Abb. 67, IV) und
den orthotropen Fortsetzungstrieb beschränkt. Bei *Helianthus
tuberosus* hinwiederum bringt auch der Knollenkörper sproßbürtige
Wurzeln hervor; doch zeichnen sich diese nicht durch größere
Stärke aus (RAUH 1941, Abb. 117), eine Eigentümlichkeit, die
vielleicht im Zusammenhang damit steht, daß das Dickenwachstum
der Knolle relativ spät einsetzt.

Literatur.

ALEXANDROV, W. G., u. O. G. ALEXANDROVA: Über die Struktur verschiedener Abschnitte ein und desselben Bündels und den Bau von Bündeln verschiedener Internodien des Sonnenblumenstengels. Planta (Berl.) 8 (1929). — ARTSCHWAGER, E.: Anatomy of the Potato Plant with special Reference to the Ontogeny of the vascular System. J. agricult. Res. 14 (1918). — ASKENASY, E.: Über eine neue Methode, um die Verteilung der Wachstumsintensität in wachsenden Teilen zu bestimmen. Verh. nat. med. Ver. Heidelberg, N. S. 2 (1880). — DE BARY, A.: Vergleichende Anatomie der Vegetationsorgane der Phanerogamen und Farne. In Handbuch der physiologischen Botanik, herausgeg. von W. Hofmeister, Bd. 3. Leipzig 1877. — BUDER, J.: Über den Bau des phanerogamen Vegetationspunktes und seine Bedeutung für die Chimärentheorie. Ber. dtsch. bot. Ges. 46 (1928). — DINGLER, A.: Über das Scheitelzellwachstum des Gymospermenstammes. München 1882. — DOPOSHEG-UHLÁR, J.: Die Anisophyllie bei *Sempervivum*. Flora (Jena) 105 (1913). — DOULIOT, H.: Récherches sur la croissance terminale de la tige des phanérogames. Ann. Sci. natur. Bot., VII. s. 11 (1890). — DUNCKER, B. J. J.: Bau und sekundäres Dickenwachstum von Krautpflanzen mit Interfascicularkambium. Rec. Trav. bot. néerl. 33 (1936). — ECKARDT, THEO: Kritische Untersuchungen über das primäre Dickenwachstum bei Monokotylen, mit Ausblick auf dessen Verhältnis zur sekundären Verdickung. Bot. Archiv 42 (1941). — FITTING, H.: Morphologie. In Lehrbuch der Botanik für Hochschulen, herausgeg. von Fitting-Harder-Schumacher-Firbas, 23./24. Aufl. Jena 1947. — FLEISCHER, E.: Beiträge zur Embryologie der Monokotylen und Dikotylen. Flora (Jena), N. F. 37 (1874). FOSTER, A. S.: Problems of structure, growth and evolution in the Shoot Apex of Seed plants. Bot. Reyiew 5 (1939). — FRANK, A. B.: Lehrbuch der Botanik, Bd. 1. Leipzig 1892. — GANONY, W. F.: Beiträge zur Kenntnis der Morphologie und Biologie der Kakteen. Flora (Jena) 79 (1894). — GOEBEL, K.: Kakteen. Pflanzenbiologische Schilderungen, Bd. I. Marburg 1889. — Organographie der Pflanzen, 3. Aufl., Bd. 1. Jena 1928. — GRÉGOIRE, V.: Données nouvelles sur la morphogénèse de l'axe feuillé dans les Dicotylées. C. r. Acad. Sci. Paris 200 (1935). — La Morphogénèse et l'Autonomie morphologique de l'Appareil floral. Cellule 47, 288 (1938). — GROOM, P.:

Über den Vegetationspunkt der Phanerogamen. Ber. dtsch. bot. Ges. **3** (1885). — HABERLANDT, G.: Über Scheitelwachstum bei den Phanerogamen. Mitt. naturhist. Ver. Steiermark **1880**. — Physiologische Pflanzenanatomie. Leipzig **1884**. — HANSTEIN, J.: Die Scheitelzellgruppe im Vegetationspunkt der Phanerogamen. Festschr. niederrhein. Ges. Naturw. und Heilkunde. Jub. Univ. Bonn 1868. — HELM, J.: Untersuchungen über die Differenzierung der Sproßscheitelmeristeme von Dikotylen unter besonderer Berücksichtigung des Procambiums. Planta (Berl.) **15** (1931). — Das Erstarkungswachstum der Palmen und einiger anderer Monokotylen, zugleich ein Beitrag des Erstarkungswachstums der Monokotylen überhaupt. Planta (Berl.) **26** (1936). — Primäres Meristem oder Prodesmogen? Kritisches zur Terminologie dieser Begriffe. Planta (Berl.) **26** (1937). — HOFMEISTER, W.: Beiträge zur Kenntnis der Gefäßkryptogamen I, II. Abh. sächs. Ges. Wiss. Math.-physik. Kl. (4) **2** (1855); (5) **3** (1857). — JOST, L.: Über Dickenwachstum und Jahresringbildung. Bot. Ztg. **49** (1891). — KLEIN, K.: Vergleichende Untersuchungen über Organbildung und Wachstum am Vegetationspunkt dorsiventraler Farne. Bot. Ztg. **42** (1884). — KOCH, L.: Die vegetative Verzweigung der höheren Gewächse. Jb. Bot. **25** (1893). — KORSCHELT, P.: Zur Frage über das Scheitelwachstum bei den Phanerogamen. Ber. dtsch. bot. Ges. **1** (1883). — KORODY, E.: Studien am Vegetationspunkt von *Abies concolor, Picea excelsa* und *Pinus montana*. Beitr. Biol. Pflanz. **25** (1938). — KOSTYSCHEW, S.: Bau- und Dickenwachstum der Dikotylenstämme. Ber. dtsch. bot. Ges. **40** (1922). — Beih. Bot. Zbl., I. Abt. **40** (1923). — LINSBAUER, K.: Die physiologischen Arten der Meristeme. Biol. Zbl. **36** (1916). — LONIS, J.: L'ontogénèse du systeme conducteur dans la pousse feuillée des Dicotylées et des Gymnospermes. Cellule **44** (1935). — LUNDEGÅRGH, H.: Das Wachstum des Vegetationspunktes. Ber. dtsch. bot. Ges. **32** (1914). — MÖBIUS, M.: Untersuchungen über die Morphologie und Anatomie der monokotylenähnlichen Eryngien. Jb. Bot. **14** (1884). — MOHL, H. v.: Über die Cambienschicht des Stammes der Phanerogamen und ihr Verhältnis zum Dickenwachstum desselben. Bot. Ztg. **16** (1858). — MÜLLER, N. J. C.: Das Wachstum des Vegetationspunktes von Pflanzen mit dekussierter Blattstellung. Heidelberg 1886. — NÄGELI, C.: Über das Scheitelwachstum der Phanerogamen. Bot. Ztg **36** (1878). — ORSOS, O.: Die Gewebeentwicklung bei der Kohlrabiknolle. Flora (Jena), N. F. **35** (1941). — PFITZER, E.: Zur Morphologie und Anatomie der Monokotylenähnlichen Eryngien. Ber. dtsch. bot. Ges. **1** (1883). — RAUH, W.: Die Bildung von Hypokotyl- und Wurzelsprossen und ihre Bedeutung für die Wuchsformen der Pflanzen. Nova Acta Leopold., N. F. **4** (1937). — Über die Verzweigung ausläuferbildender Sträucher mit besonderer Berücksichtigung ihrer Beziehungen zu den Stauden. Hercynia **1** (1938). — Über polsterförmigen Wuchs. Ein Beitrag zur Kenntnis der Wuchsformen der höheren Pflanzen. Nova Acta Leopold., N. F. **7** (1939). — Morphologie der Nutzpflanzen. Leipzig 1941. — ROTHERT, W.: Vergleichend-anatomische Untersuchungen über die Differenzierung im primären Bau der Stengel und Rhizome krautiger Phanerogamen nebst einigen allgemeinen Betrachtungen histologischen Inhalts. Diss. Dorpat 1885. — Gewebe der Pflanzen, bearb. von L. Jost. Handbuch der Naturwissenschaft, 2. Aufl., Bd. V. Jena 1934.— RUSSOW, E.: Vergleichende Untersuchungen betreffend die Histologie. Mém. Acad. imp. Sc. St. Pétersbourg, sér. 7, **19** (1893). — SACHS, J.: Lehrbuch der Botanik, 4. Aufl. Leipzig 1874. — Über die Anordnung der Zellen in jüngsten Pflanzentheilen. Arb. bot. Inst. Würzburg **2** (1882). — Stoff und Form der Pflanzenorgane II, § 10: Betrachtungen über die Natur der

Pflanzenorgane. Arb. bot. Inst. Würzburg **2** (1882). — Sanio, C.: Vergleichende Untersuchungen über die Zusammensetzung des Holzkörpers. Bot. Ztg **21** (1863). — Sárkány, S.: Über Entwicklung und Funktion des interfascicularen Kambiums bei *Ricinus communis*. Jb. Bot. **82** (1936). — v. Schalscha-Ehrenfeld, M.: Sproßvegetationspunkt und Blattanlage bei einigen monokotylen Wasserpflanzen. Planta (Berl.) **31** (1940). — Schindler, H.: Regenerationsversuche an Kohlrabipflanzen und Qualitätsuntersuchungen an primären, an regenerierten und angehäufelten Knollen. Gartenbauwiss. **17** (1943). — Schleiden, M. C.: Beiträge zur Anatomie der Cacteen. Mém. Acad. imp. Sc. St. Pétersbourg **4** (1845). — Schmidt, A.: Histologische Studien an phanerogamen Vegetationspunkten. Bot. Archiv **8** (1924). — Schmitz, Fr.: Beobachtungen über die Entwicklung der Sproßspitze der Phanerogamen. Halle 1874. — Schuepp, O.: Untersuchungen über Wachstum und Formwechsel von Vegetationspunkten. Ber. dtsch. bot. Ges. **32** (1914). — Beiträge zur Theorie des Vegetationspunktes. Ber. dtsch. bot. Ges. **34** (1916). — Untersuchungen über Wachstum und Formwechsel von Vegetationspunkten. Jb. Bot. **57** (1917). — Meristeme. In Handbuch der Pflanzenanatomie, herausgeg. von Linsbauer, Bd. 4. 1926. Beschreibung von Blütenständen auf Grund des zeitlichen Verlaufes der Anlage, des Wachstums und des Aufblühens. Ber. schweiz. bot. Ges. **52** (1942). — Thoday, M. A.: On the organization of growth and differentiation in the stem of the sunflower. Ann. of Bot. **36** (1922). — Troll, W.: Vergleichende Morphologie der höheren Pflanzen. Bd. 1, Teil 1. Berlin 1937. Bd. 1, Teil 2. Berlin 1939. Bd. 1, Teil 3. Berlin 1942/43. — Allgemeine Botanik. Stuttgart 1948. — Über die Grundbegriffe der Wurzelmorphologie. Österr. bot. Z. **96**, 444 (1949). — Unger, F.: Über den Bau und das Wachstum des Dikotyledonenstammes. Petersburg 1840. — Ursprung, A.: Über die Dauer des primären Dickenwachstums. Ber. dtsch. bot. Ges. **24** (1906). — Vöchting, H.: Untersuchungen zur experimentellen Anatomie und Pathologie des Pflanzenkörpers. Tübingen 1908. — Walter, H.: Die Grundlagen des Pflanzenlebens. Stuttgart 1946. — Weber, H.: Vergleichend-morphologische Studien über die sproßbürtige Bewurzelung. Nova Acta Leopold., N. F. **4** (1936). — Wetterwald, X.: Blatt- und Sproßbildung bei Euphorbien und Cacteen. Nova Acta Leopold. **53** (1889). — Zimmermann, W. A.: Histologische Studien am Vegetationspunkt von *Hypericum uralense*. Jb. Bot. **68** (1928).

Jahrgang 1940.

1. F. Eichholtz und W. Sertel. Weitere Untersuchungen zur Chemie und Pharmakologie der Heidelberger Radiumsole. DMark 2.20.
2. H. Maass. Über Gruppen von hyperabelschen Transformationen. DMark 1.20.
3. K. Freudenberg, H. Walch, H. Grieshaber und A. Scheffer. Über die gruppenspezifische Substanz A (5. Mitteilung über die Blutgruppe A des Menschen). DMark 0.60.
4. W. Soergel. Zur biologischen Beurteilung diluvialer Säugetierfaunen. DMark 1.—.
5. Annulliert.
6. M. Steck. Ein unbekannter Brief von Gottlob Frege über Hilbert's erste Vorlesung über die Grundlagen der Geometrie. DMark 0.60.
7. C. Oehme. Der Energiehaushalt unter Einwirkung von Aminosäuren bei verschiedener Ernährung. I. Der Einfluß des Glykokolls bei Hund und Ratte. DMark 5.60.
8. A. Seybold. Zur Physiologie des Chlorophylls. DMark 0.60.
9. K. Freudenberg, H. Molter und H. Walch. Über die gruppenspezifische Substanz A (6. Mitteilung über die Blutgruppe A des Menschen). DMark 0.60.
10. Th. Ploetz. Beiträge zur Kenntnis des Baues der verholzten Faser. DMark 2.—.

Jahrgang 1941.

1. Beiträge zur Petrographie des Odenwaldes. I. O. H. Erdmannsdörffer. Schollen und Mischgesteine im Schriesheimer Granit. DMark 1.—.
2. M. Steck. Unbekannte Briefe Frege's über die Grundlagen der Geometrie und Antwortbrief Hilbert's an Frege. DMark 1.—.
3. Studien im Gneisgebirge des Schwarzwaldes. XII. W. Kleber. Über das Amphibolitvorkommen vom Bannstein bei Haslach im Kinzigtal. DMark 1.60.
4. W. Soergel. Der Klimacharakter der als nordisch geltenden Säugetiere des Eiszeitalters. DMark 1.40.

Jahrgang 1942.

1. E. Gotschlich. Hygiene in der modernen Türkei. DMark 0.60.
2. Studien im Gneisgebirge des Schwarzwaldes. XIII. O. H. Erdmannsdörffer. Über Granitstrukturen. DMark 1.60.
3. J. D. Achelis. Die Überwindung der Alchemie in der paracelsischen Medizin. DMark 1.40.
4. A. Benninghoff. Die biologische Feldtheorie. DMark 1.—.

Jahrgang 1943.

1. A. Becker. Zur Bewertung inkonstanter α-Strahlenquellen. DMark 1.—.
2. W. Blaschke. Nicht-Euklidische Mechanik. DMark 0.80.

Jahrgang 1944.

1. C. Oehme. Über Altern und Tod. DMark 1.—.

1945, 1946 und 1947 sind keine Sitzungsberichte erschienen.

Abhandlungen der Heidelberger Akademie der Wissenschaften
Mathematisch-naturwissenschaftliche Klasse*)

21. L. van Werveke. Der Verlauf und das Alter der Hauptverwerfungen und der übrigen wichtigeren Störungen und Bewegungen im Gebiet des Mittelrheintalgrabens. 1934. DMark 5.—.
22. M. Schmidt. Fossilien der spanischen Trias. Mit einem Beitrag von J. v. Pia. Mit 6 Tafeln und 66 Textabbildungen. 1936. DMark 8.80.
23. E. Frentzen. Ontogenie, Phylogenie und Systematik der Amaltheen des Lias Delta Südwestdeutschlands. Mit 6 Tafeln und 43 Textabbildungen. 1937. DMark 11.20.
24. H. Vogt. Zur Physik des Sterninnern. I. Zur Theorie des Sternaufbaues. II. Entartung im Sterninnern. 1940. DMark 0.80.
25. W. Schmidle. Die Großformen der Bodenseelandschaft und ihre Geschichte. Mit 6 Karten und 8 Textabbildungen. 1944. DMark 5.80.

*) Bestellungen auf Abhandlungen, auch auf die früher erschienenen, nimmt die Weiß'sche Universitätsbuchhandlung in Heidelberg entgegen.